匠心
匠艺

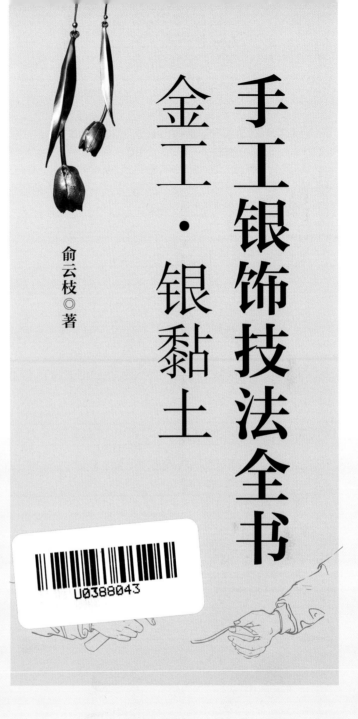

手工银饰技法全书

金工·银黏土

俞云枝 ◎ 著

U0388043

化学工业出版社

·北京·

－ 内容简介 －

本书详细讲解了手工银饰制作的实用技术和工艺流程，包括金工银饰和银黏土银饰两方面的内容。全书分基础和案例两个部分，基础部分讲解了手工银饰制作的基本工具、材料、基本技法；案例部分包括30个各具特色的手工银饰案例，分为入门、进阶、综合技法三类，从易到难，结合步骤图片和文字讲解，帮助读者全面掌握手工银饰的制作技艺。

本书既可作为金工手作爱好者的自学图书，也可作为高校、高职高专珠宝设计、首饰设计等相关专业的教材或教学参考书。

图书在版编目（CIP）数据

手工银饰技法全书：金工·银黏土 / 俞云枝著. — 北京：化学工业出版社，2024.2
ISBN 978-7-122-44437-0

Ⅰ.①手…　Ⅱ.①俞…　Ⅲ.①金银饰品-生产工艺
Ⅳ.①TS934.3

中国国家版本馆 CIP 数据核字（2023）第 213565 号

责任编辑：林　俐　　　　　　　　　　　装帧设计：对白设计
责任校对：刘　一

出版发行：化学工业出版社（北京市东城区青年湖南街 13 号　邮政编码 100011）
印　　装：北京宝隆世纪印刷有限公司
710mm×1000mm　1/16　印张 13　字数 278 千字　2024 年 2 月北京第 1 版第 1 次印刷

购书咨询：010-64518888　　　　　　　　售后服务：010-64518899
网　　址：http://www.cip.com.cn
凡购买本书，如有缺损质量问题，本社销售中心负责调换。

定　　价：98.00 元　　　　　　　　　　　　　版权所有　违者必究

　　随着生活水平的提高，许多年轻人开始追求首饰的个性化，手工银饰越来越受欢迎。手工银饰不同于机器生产的产品，有着一种独特的生命力。手工制作银饰很有挑战性，亲手制作属于自己的银饰品是一件超级酷的事。

　　2017年，第一次接触手工银饰制作可以说是我人生中非常幸运的事之一，至此我找到了最喜欢的工作。在手工领域，我自认为是有天赋的，因为总能沉浸其中，百分之百专注。做银饰的日子，每天早晨一醒来就觉得心情愉快，因为有一个小小的工程项目等待着我去完成，完成之后就会很有成就感。

　　在这个领域努力了7年后，我写了这本书，书中收录了我这些年积累和总结的关于手工银饰制作的技法和经验，希望能够对大家有所帮助。本书讲解了常用的手工银饰基础工艺，并精选了具有代表性的案例，详细讲解其制作过程。相信只要不断尝试，反复练习，你也能尽情享受手工银饰创作的乐趣，甚至成为一名专业的手工银饰匠人。

　　金、银、铜的制作工艺是非常相近的，只是几种金属在硬度、延展性等方面有所不同，但基本都可以通过熔炼、制条、拉丝、压片、裁剪、焊接、打磨、抛光等工序制作产品，所以本书同样适用于金饰、铜饰的手工制作。

　　此外，本书也对银黏土这一新型材料的应用技法进行了系统讲解，相信能为大家的银饰创作带来启发。用银黏土制作银饰不用投入太多工具设备，也是银饰手工爱好者的入门选择。

俞云枝

2023年11月

目录
CONTENTS

第1章　金工银饰基础知识与技法

第2章 手工银饰中线材的应用

第3章 银黏土技法与实例

第4章　金工银饰入门实例

手工银饰技法全书

金工·银黏土

第1章

金工银饰
基础知识
与技法

1 常用银料

银具有诱人的白色光泽，长久以来广泛作为首饰、装饰品、奖章和纪念币等物品的原材料。另外，银具有很好的延展性，导电性和导热性也极佳，各种自动化装置设备中的接触点都是用银制作的。与金相比，银是一种相对不稳定的金属，很容易与大气中的硫化氢发生硫化反应而变黑，失去光泽。防止纯银饰品表面硫化的常用方法是电镀，常见的有镀铑、镀钯等。

银在贵金属中价格最低，而且具有良好的加工特性，因此是珠宝首饰创作者喜爱的材料。

由于银质地较软，容易变形，很早以前人们就在银中加入其他金属制成合金以增加其硬度和耐磨性。

999银

999银也叫作足银，行业内俗称"手工银"，银含量高达99.9%，颜色洁白，延展性好，是非常理想的首饰制作材料，适用于錾刻、锻造、丝线、珠粒等多种工艺。

925 标准银

925标准银（925银）是指含银量在92.5%左右的银，是做银饰品的国际标准银。1851年珠宝品牌蒂芙尼（Tiffany）推出第一套含银量92.5%的银器，由于加入了7.5%的铜作为补口，银的硬度和光泽都有所改善，925银很快成为银饰市场的主力。配合不同的合金补口，可增加银在熔融状态下的流动性，可以做成更加复杂多样的饰品，并且能提高铸造成品率。

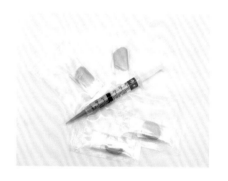

银黏土

银黏土也叫银泥，是纯银粉末与有机黏合剂的混合物，加工特性与黏土相似，可以使用硅胶笔、木棍、笔刀、雕塑刀等简单的工具对其进行塑形。待银黏土干燥之后，用火枪加热烧结，有机质被完全燃烧，留下纯银，再经过抛光后银饰作品就制作成功了。

银黏土最大的优点是容易制作表面肌理，也可以很方便地进行立体雕塑；缺点是韧性差，制作的戒指等饰品容易断裂。

2 银材料的获取

作为手工制作的银材料，一般需要制备成厚度3mm以内的片材，或者直径10mm以内的线材，因为超过3mm厚度的银片手工很难锯开，超过10mm的线材很难进行扭转、弯曲等加工塑形。自己制备银料有一定的难度，新手可以从金银经销商以及专业的首饰材料供应商那里直接购买各种规格的材料，等有一定的银料操作和火枪操作经验之后再逐渐学习熔料等制备银材料的技术。

银材料是根据重量来销售的，单位价格由市场决定，所以每天的价格都不同。

可用于手工银饰制作的银料

①**不同厚度的银片：**用于制作吊坠、耳饰、胸针等。

②**不同直径的圆棒、方棒、半圆棒、三角形棒：**主要用于制作手镯、发簪、银筷子等。

③**直径2mm以内的方形丝、圆形丝：**应用广泛，常用于制作戒指、吊坠，以及丰富首饰的结构设计。

④**扁丝：**常用于传统花丝首饰、掐丝珐琅等领域。

⑤**各种尺寸方形管：**多用于制作小众的现代首饰。

⑥**各种直径圆形管（中空）：**耳圈以及各种零件机关都需要用到管材。

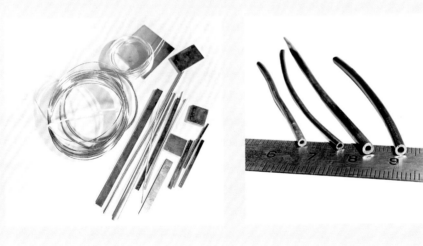

3 首饰配件

银饰由主体和首饰配件组成。首饰配件包括耳坠的耳钩，耳钉的耳针、耳堵、耳线，各式各样的链条、链条的扣头，胸针的别针，吊坠的坠头等，这些配件尺寸微小，结构复杂，手工制作难度大（部分首饰配件的手工制作方法见本书66~67页），可以直接选购市场上流通的银配件。市场上的银配件一般都是机器生产，样式繁多，可以说应有尽有。

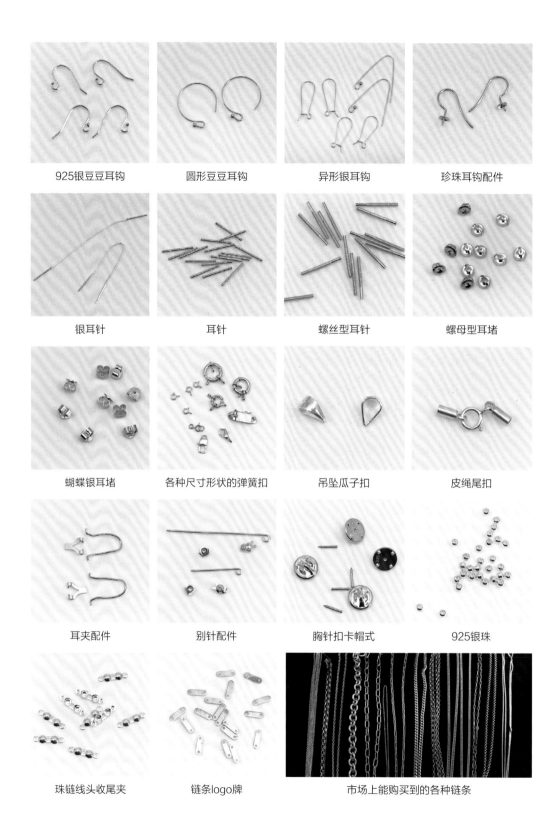

925银豆豆耳钩　　　圆形豆豆耳钩　　　异形银耳钩　　　珍珠耳钩配件

银耳针　　　耳针　　　螺丝型耳针　　　螺母型耳堵

蝴蝶银耳堵　　　各种尺寸形状的弹簧扣　　　吊坠瓜子扣　　　皮绳尾扣

耳夹配件　　　别针配件　　　胸针扣卡帽式　　　925银珠

珠链线头收尾夹　　　链条logo牌　　　市场上能购买到的各种链条

◪ 首饰工作台

　　首饰工作台也叫金工桌，其核心部件是台塞——桌子前端一块突出的硬木块。珠宝匠人需要利用台塞完成锯、锉、钻、打磨、抛光等各道工序。匠人们在工作时，会在膝盖上方的位置悬挂一块皮制的集尘兜，收集加工过程中散落的金属粉屑，同时可以很好地防止加工过程中贵重的宝石或首饰零件不慎掉落造成损坏或难以找到。

　　很多珠宝工厂也会选择抽屉式的金工桌，这与他们的工作习惯有关系，例如抽屉式金工桌锯弓的使用方法更适合上锯法。

　　金工桌的台面一般是由厚实的木材制作而成，桌腿粗壮坚固，这是因为制作过程中经常要用锤子在桌面上敲打塑形首饰。金工桌的台面与地面的距离为95cm，这样珠宝工匠在制作的过程中能伸直后背，良好的坐姿可以保护珠宝匠人的颈椎。工作台需要尽量稳固，所以一般靠墙放置。一般所有的工具设备都围绕着金工桌放置在伸手可及的范围内。经验丰富的珠宝匠人会根据自己的工作习惯定制专属的金工桌，提高工作效率。

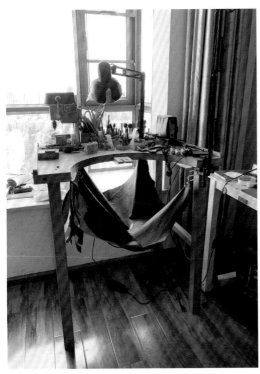 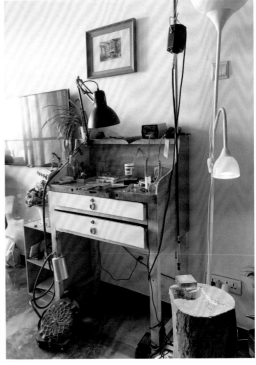

如果不方便配置金工桌，可以购买可移动可拆卸的台塞安装在普通的桌子上使用。

② 制作银饰的基本流程

制作银饰一般来说可以遵循以下的基本流程。

绘制平面设计图→制备银料、开料（锯切银料）→焊接→酸洗清洁→锉磨修整→抛光

下面我们就来仔细讲解每一个步骤的基本工艺和需要使用到的工具。

③ 测量与绘制

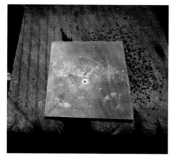

制作银饰，第一步是绘制平面设计图。银饰平面设计图与实物的比例要设置成1:1。刚开始制作银饰，不需要会设计复杂的图案，可以使用简单的直线、弧线、方形、圆形等进行创作，制作几何图案的银饰。锯切金属之前，可以使用油性记号笔在银料上直接绘制出设计图形，但更好的方法是使用钢针笔在金属上刻画辅助线，这样绘制的辅助线在切割的过程中不容易蹭掉，锯切后得到的图形也会更加准确。

◎ **游标卡尺**

能直接测量物件的长度、厚度、外径、内径，精度可达0.02mm，是金工制作不可或缺的测量工具。

◎ **分规**

可在金属上画圆或弧形，固定好距离可用于量取等分线，也可用于画平行线。

◎ **厚度规**

在一些曲面位置，游标卡尺伸不进去，可以使用厚度规测量金属壁的厚度。

◎ **直角尺**

用于测量直角，是制作标准直角的工具。

◎ **中心冲**

对于需要钻孔的位置，可先用中心冲的尖端在工件上打出小圆点作为圆心，方便钻头找到定心位置，也能防止钻头出现打滑的现象。

◎ **自动中心冲**

与中心冲功能一样，里面安装了弹簧心轴装置，不需要通过铁锤敲击，单手即可冲击出小圆凹陷，用起来非常方便和高效。

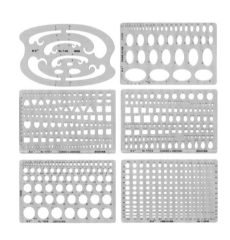

◎ **珠宝设计画图模板**

珠宝设计常用的画图模板，可以直接画出椭圆、心形、水滴、菱形、方、圆等常用形状。

◎ **金属画线笔**

也叫钢针笔，能在金属上画出精准的线条，制作出准确的图案。

◎ **钢尺**

不锈钢制成，用于测量材料的长度，以及在材料上画直线。

◎ **记号笔**

可直接在金属上做记号，容易擦去，一般用来
画草图，如需绘制精确的线条需使用钢针笔。

◎ **戒指量棒**

也叫戒指棒，用于测量戒指圈的大小，戒指棒
上标有戒指号，配合戒指量圈使用。

◎ **戒指量圈**

也叫戒指圈，用于测量手指的大小，每一个圈
上都刻有戒指号，配合戒指量棒使用。

戒指的取料方法

港版戒指尺码对照表

码数	直径 / mm	周长 / mm	码数	直径 / mm	周长 / mm	码数	直径 / mm	周长 / mm
1#	12.4	38.9	12#	16.2	50.9	23#	20.1	63.1
2#	12.7	39.9	13#	16.6	52.1	24#	20.4	64.1
3#	13.1	41.1	14#	17	53.4	25#	20.8	65.3
4#	13.4	42.1	15#	17.3	54.3	26#	21.2	66.6
5#	13.8	43.3	16#	17.6	55.3	27#	21.5	67.5
6#	14.1	44.3	17#	18	56.5	28#	21.8	68.5
7#	14.4	45.2	18#	18.4	57.8	29#	22.2	69.7
8#	14.8	46.5	19#	18.7	58.7	30#	22.5	70.6
9#	15.2	47.7	20#	19.1	60.0	31#	22.8	71.6
10#	15.5	48.7	21#	19.4	60.9	32#	23.2	72.8
11#	15.9	49.9	22#	19.8	62.2	33#	23.6	74.1

佩戴戒指量圈，确定合适的量圈，将量圈套到戒指量棒上得到对应的戒指号，根据以上表格即可找到直径和周长。下面是用直径（或周长）和银料厚度计算所需银料长度的方法。

用直径计算：银料长度=（直径＋银料厚度）× π

用周长计算：银料长度=周长＋银料厚度 × π

π取3.14，用两个公式算出来的值是差不多的，精确到1mm就可以。

我们平时常用的塑料戒指量圈会把戒指的周长标注出来，当我们确定好需要几号戒指量圈，在戒指量圈上就可以找到戒指圈的周长，不需要使用戒指量棒，使用以上的第二个公式就可以计算出银料的长度。

例如确定了15号的戒指量圈，按照公式：周长＋π×厚度=54.3＋3.14×1.5=59.01，即需要取料59mm。由于银料延展性很好，在弯曲、敲打等过程中，会使银料变长，所以取料时可以比计算所得数据短1mm左右。戒指做大了就不好缩小，做小了则可以通过敲打或者使用扩戒器变大。

④ 开料——裁剪、锯切

裁剪与锯切是分割银材料最常用的两种方式。薄银板可以直接使用短嘴剪剪开，但用剪刀分割银板会使银材变形，所以需要根据情况判断是否可以使用剪的方式分割银材，锯切则不会影响金属平整度，切割口整齐，同时可进行精准形状的切割和镂空，学会锯切可以制作出更加精美的作品。

（1）剪钳工具

◎ **短嘴剪**

用于裁剪薄金属片，比如裁减焊药片。

◎ **弯嘴钳**

用于裁剪薄金属片，可裁剪出弧线的形状。

◎ **钢剪**

可直接剪开有一定厚度的金属板。

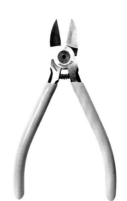

◎ **斜口剪钳**

用平口那一面去剪金属，可以裁剪出比较整齐的截面，常常用来裁剪金属线，用起来很方便。

斜口剪钳斜口裁剪银条的截面效果

斜口剪钳平口裁剪银条的截面效果

（2）线锯

　　使用线锯锯切金属是首饰制作最基本的加工工艺，在银首饰制作的各个阶段会反复地用到。线锯可以切割包括镂空在内的复杂形状，掌握这种工艺是做好银饰的关键之一。线锯一般由锯弓和锯丝组成。

用线锯切割出的各种形状

◎ **锯弓**

锯弓可以分为可调节式锯弓和固定式锯弓，可调节式锯弓可以通过伸长或者缩短弓身的长度，调整夹持的锯丝长度，以实现更加多功能的使用。固定式锯弓只能夹持标准长度13.3cm的锯丝。

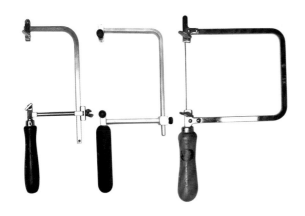

（从左到右）
法国产可调节式锯弓（弓深80mm）
英国产可调节式锯弓（弓深100mm）
中国香港产固定式锯弓（弓深150mm）

◎ **锯丝（锯条）**

标准长度为13.3cm。锯丝的尺寸从最细的8/0号到最粗的8号，可分别切割厚度不同的金属，常用的型号在3/0~6/0号之间，其中3/0号较粗，6/0较细。通常来讲，越薄的金属片使用越细的锯丝切割，比如，3/0号的锯丝适合锯切厚度1~1.5mm的金属片，6/0的锯丝适合裁切0.7mm以内的金属片。但在实际的工作中，为了减少锯切造成的银料磨损，常会使用较细的锯丝来锯切相对较厚的金属板，只要不会造成锯丝断裂即可。例如，常使用6/0号锯丝锯切厚度1mm的材料。

锯丝粗细	锯丝编号
细	8/0
	7/0
	6/0
	5/0
	4/0
	3/0
	2/0
	1/0
	0
	1
	2
	3
粗	4
	5

金属锯丝编号表

6/0号锯丝

3/0号锯丝

（3）线锯的使用方法

◎ 锯丝的安装

将锯弓两头A端和B端的螺丝拧松。将锯丝一端插入A端螺丝缝隙中，需注意锯丝锯齿要朝外、朝下，然后拧紧螺丝帽。如果是可调节式锯弓，需要调整好锯弓长度，再拧紧C端的螺丝帽。然后用腋窝与锁骨之间的位置（肩窝）顶着锯弓把手向前施压，锯弓的另外一头顶住金工桌，使A与B两端相互靠近，让锯丝末端完全进入B端螺丝缝隙中，再将B端螺丝帽拧紧。用肩窝顶住锯弓可以释放双手，安装锯丝会更加便捷，但是初次使用肩窝顶锯弓会感觉有痛感，需要习惯几次，或者用一只手辅助。

慢慢地放开施予锯弓的压力，锯丝会呈现出刚刚好绷紧的状态，锯丝安装成功。需要注意的是锯丝安装不可太松，锯丝左右晃动就无法控制其依照图稿线条进行锯切，但也不可太紧，否则锯丝容易弯曲或折断。

◎ 锯切的操作

锯切时可以用下锯法或者上锯法。

下锯法 锯切时锯弓的把手置于下方，锯丝的锯齿朝外、朝下，手握把手往下拉锯是锯切的主要作用力。这种锯法的优点是上手简单，不遮挡视线，配合95cm高的工作台，长时间锯切手也不容易酸累。

上锯法 锯切时锯弓的把手置于上方，锯丝的锯齿朝外、朝下，需要抬起手臂工作，因此适合高度较低的工作台，否则手臂容易酸累。这种锯法的优点是可以更好地收集锯切产生的金属碎屑，碎屑不容易弄到手上，能降低损耗。

下锯法、上锯法各有所长，选择适合自己的即可。

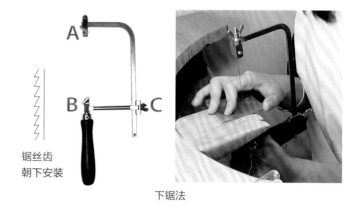

锯丝齿朝下安装

下锯法

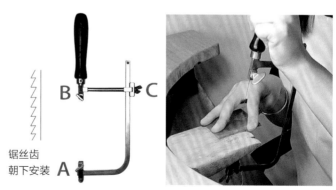

锯丝齿朝下安装

上锯法

◎入锯时，先在金属板边缘上下拉动几次锯子，制作一个浅浅的切口，再顺势上下拉动开始锯切。

◎只需要保持锯子垂直上下拉动，就能慢慢向前锯切，不要给锯弓施加向前的推力，这样会造成锯丝折断以及无法控制锯丝的走向。

◎锯切结束时要注意手指不要放在锯丝的前面，当锯丝完全锯断金属的时候，锯丝依然会有向前的惯性，此时如果手指放在前面很容易锯到手。

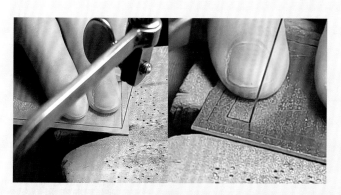

◎直角转弯的时候锯丝无法一下子转90°，要在原地上下拉动，制造更大的转动空间，锯丝完全不卡时才可以转弯。

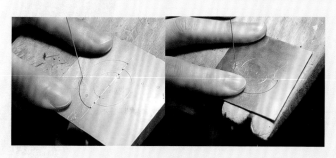

◎锯弧线时，锯丝切割出的锯缝有一定的转动空间，锯的过程中慢慢转动金属板，左右手配合，就能够沿轮廓锯出弧线。

锯丝折断的原因

锯丝是非常脆弱的，在锯切的过程中很容易发生折断的情况，预防锯丝折断，要注意以下几点。

① 保持锯丝与锯切金属板垂直，歪斜会造成锯丝折断。

② 不要向锯丝施加过大的压力。

③ 在锯切尖锐角度的时候，要缓慢地转变锯切的方向，锯丝过快转向容易折断。

④ 锯切的速度不要太快，高速摩擦会使锯丝温度升高导致折断。

⑤ 要将金属板固定稳，金属板不稳固容易导致锯丝上下震动，近而导致锯丝折断。

5 锉磨修整

裁剪和锯切是切割出大形（开料），锉磨是利用锉刀对形状作进一步的精细修整。先由锉刀修整出平整的金属面，再由砂纸打磨，然后可以进入到最后的抛光工序。

锉工是金工基础工艺中最基础但也最难的技术，需要更多时间的练习。

（1）锉刀分类

锉刀可以分为小锉刀、双头锉刀、大锉刀。双头锉刀左右两侧的锉齿疏密度不同，粗齿锉磨效率高；细齿锉痕更细，能得到更细腻的肌理。锉刀的截面有不同的形状，一字形、弧形、方形、圆形、三角形等，用来修理不同形状和位置。

对于大部分银饰来说，一把大锉刀和几把小锉刀即可修整精美。

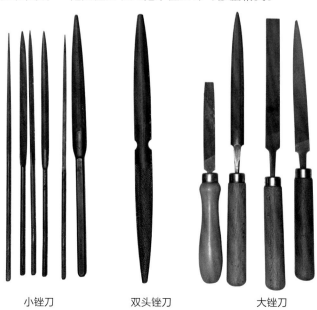

小锉刀　　　　　　双头锉刀　　　　　　大锉刀

（2）锉削工艺

◎ 修整直边

使用锉刀的时候，一只手拿锉刀，另外一只手将需要打磨的金属件固定在台塞上，锉刀与打磨面呈45°夹角。

锉刀压住需要打磨的金属面，平直向前推，感受锉刀咬住金属使金属碎屑掉落的感觉。

锉刀推出去，再平稳地收回开始的位置，多次推拉修锉，直至金属边缘修锉平整。

◎ 修整弧线边

如果需要修整弧线边，锉刀呈45°夹角压住金属面向前锉的同时，锉刀还需要跟随弧线转动，也就是跟随大形来修锉。

对于需要锉去更多金属的位置，可以加大锉刀接触修锉面的压力，更大的压力可以让锉刀锉下更多的金属，提升修锉的效率。

◎ 修整镂空花纹

对于镂空花纹，我们需要使用小锉刀修整。

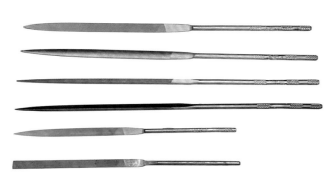

 圆锉和半圆锉用于修整弧度	竹叶锉应用很多，锉磨很多尖锐的夹角和直边都需要用到。在镂空花纹中使用较少，主要用于制作表面花纹
四方锉用于修整直角的位置	
三角锉可以直接制作出60°夹角	

不同形状的小锉刀及其用途

◎ **锉刀的维护**

锉刀使用完后会有金属屑残留，准备一把清理锉刀专用的钢丝刷，顺着锉刀齿的方向将金属屑扫出。工作时避免锉刀碰水导致生锈。

6 钻孔

（1）钻孔工具

◎ **麻花钻头**

麻花钻头有不同的型号，需要配合吊机、牙机、台式钻孔机或手摇钻使用。

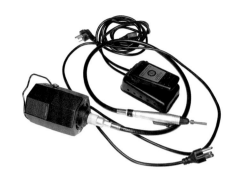

◎ **多功能吊磨机**

行业内简称为吊机，将机头吊高至桌面上方使用，通过脚踏板控制开关与转速，工作手柄可更换不同型号的钻头，也可换成雕刻抛光针头，广泛应用于各种金属的打磨、抛光、雕刻、切割、打孔等。

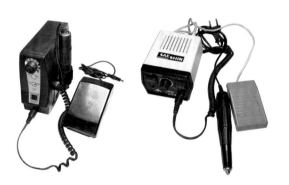

◎ **牙科打磨机**

行业内简称为牙机，摆放至桌面使用，位于机身的开关和脚踏板共同控制开关，可调整速度，相对于吊磨机的优点是噪声小，平稳性好，缺点是功率较小。

◎ **台式钻孔机**

简称台钻，操作简单，可安装不同直径的钻头，广泛应用于各种加工行业，相比牙机的手柄打孔，台钻打出的孔洞更垂直。

◎ **手摇钻**

适于木材、软薄铁皮，以及铜、铝、银、塑料等较软材料的钻孔，不插电使用。是手工爱好者、教学实践活动等理想的工具。

（2）钻孔工艺

| 钻孔工艺步骤 |

1 在一块光滑的铜板上画出十字相交的线，在这些交点处需要精准打孔。

2 在交点的位置先用硬质的钢针笔压出一个小坑，保证钻头打孔位置的准确性。

3 然后用中心冲加深小坑，这样用钻头打孔时位置更加不容易偏移。

4 安装钻头，本案例使用的是牙机。

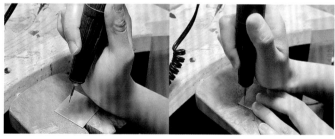

5 拿牙机的手在木塞上找一个支点，保证稳定性，将钻头调整至与金属板垂直。

6 垂直打入金属板，先轻轻转动钻头打进一点点位置，再慢慢加快速度，增大压力，感受钻头咬住金属的感觉。不能一次施加太大的压力。钻头打入时需要打进一点，再抬起一点，再打进一点，每次打穿少量的金属，直至全部打穿。需要注意的是，钻头打孔的过程中，金属板不能发生移动，否则会卡住钻头，使钻头折断。

- 钻孔时切勿施以重压，容易导致钻头折断。
- 钻头切勿长时间处于工作状态，钻头摩擦金属板会产生高温，导致钻头退火失去锋利度。
- 在较厚的板材上钻孔时，可使用一些润滑油或润滑蜡，降低钻头摩擦力，使打孔过程更顺滑。
- 钻大孔时，先用小钻头钻小孔，再循序渐进地更换大钻头，以得到想要的孔洞尺寸。

7 退火与焊接工艺

（1）工具

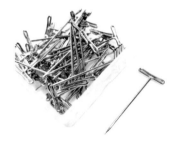

◎ **首饰焊接反弹夹**

有台式直嘴夹、弯嘴夹、8字葫芦夹等不同的样式，用于固定物料，便于进行焊接等操作。

◎ **焊接辅助针**

多个部件进行焊接时，为了避免焊接时工件产生位移，就需要用到焊接辅助针，将其扎入焊板，可以防止工件位移。

◎ **焊夹**

一般用于夹取焊药。

◎ **塑料夹、木夹、木筷**

用于夹取酸洗液中的焊接件，酸洗液一般不能触碰普通的金属镊子。

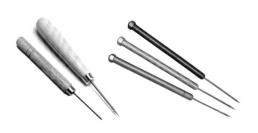

◎ **焊接用钛针**

焊接时，将焊药烧成球粘在钛针针尖处，可更加精准地放置焊药。

◎ **铁丝**

用于捆绑焊接零件，焊接过程中保持焊件不位移。

◎ **铁丝网**

退火焊接时垫在物件下面，可使物件更快速、均匀地达到需要的温度。

◎ **耐火砖、蜂窝砖**

银饰焊接退火时，用于防火隔热。

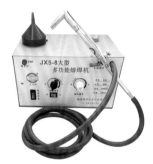

熔焊机

液化气焊枪

氧气焊枪

皮老虎

◎ **焊枪**

用于退火、焊接、熔炼，有不同的样式，左图分别是皮老虎、熔焊机、氧气焊枪、液化气焊枪。

◎ **手持火枪**

可以用来加热或焊接小物件，十分方便，许多银饰体验店使用的就是这种火枪。

（2）退火工艺

银材料在加工成型的过程中，不断受到外力加工，被加工的区域结构会产生压缩现象，使金属收缩或延展，同时也会使银材料越来越硬，给进一步的加工和塑形带来困难。此时我们就需要对银材料进行退火，释放它的应力，恢复它的延展性。如果不退火，持续对银材料进行加工，银材料就会出现裂缝。银含量越低的银合金，在受力加工过程中其硬度增加越严重，延展性变得越差，需要更多次的退火软化。

一般来说，加工银制品会选择在比较暗的光线下进行，正是因为较暗的光线下更容易根据银材料被加热时呈现的颜色变化来判断是否达到需要退火的温度点。强光之下这种颜色的变化很难看清楚，但是对于很有经验的工匠来说，在强光下也能很好地分辨。加热至银料呈现出淡红色时，就表明达到了退火的温度点。撤掉火焰之后，红色消失，再用镊子夹取物件放置冷水中彻底降温后，才可用手触碰。继续加工时，需要把工件上的水分擦干，金工工作区大部分是铁制工具，遇水会生锈。

（3）焊接工艺与焊料

焊料通常被称为焊药，是一种不含铁的合金。焊接不同材质的金属需要不同焊料，黄金与K金的焊料是黄金、铜与银的合金；银焊料一般以银、铜、与锌三种金属按照一定比例制成。焊料的熔点比要接合的金属的熔点低，温度控制得宜就不会造成接合金属熔解。当加热达到熔点时，焊料熔解成液态，在接合金属间自由流动，渗透入接合金属的分子结构中，将两块金属牢牢焊接在一起。

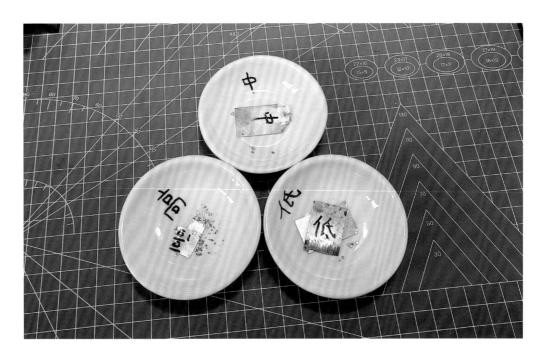

◎ **银焊药**

市场上售卖的银焊药大致分为高温焊药（银含量75%，熔点800℃左右）、中温焊药（银含量70%，熔点700℃左右）、低温焊药（银含量65%，熔点600℃左右）。原则上尽量使用高温焊药，因为银含量越高，焊接之后焊接口越牢固，颜色更接近银本色，也更加抗氧化。很多匠人还会自制更高熔点的超高温焊药，使焊接处色差更小，更牢固。

对于复杂的首饰作品，可能会遇到多个焊接点离得很近的情况，这时就会用到中温和低温的焊药，目的就是为了保证前面的焊接点不开焊。

焊药用剪钳剪成1mm左右的小方块待用，如果是焊接开口较小的位置，可以将焊药剪得更小，焊药放置的量要合适焊接口，焊药量过多会导致焊药熔化后到处流动，导致最后的成品不美观，如果是焊接链条，还会把其他的环焊住，后续的处理会很麻烦。

提示

焊接位置修锉得越整齐，焊接口对接得越紧密，越有助于焊接成功，并且焊接口也会更牢固和美观。

◎ **助焊剂与助熔剂**

助焊剂与助熔剂的主要成分是硼砂与硼酸，焊接和熔料时都需要使用。熔铸银料时添加硼砂，可以帮助金属熔解及吸附杂质。在焊接口涂抹硼砂，可以在银的表面形成保护层，阻止产生氧化物，增加焊药的流动性。硼砂是一种白色的结晶体，价格便宜，熔料时直接使用效果很好，但用于焊接时就不够好用，因为硼砂含有大量的水结晶，遇热时被驱出，使助熔剂膨胀、起泡，进而造成小片焊料的位移。所以在焊接时通常会使用经过特殊加工的膏状助熔剂、液态助熔剂或进口焊粉，加热时起泡现象就不会太严重，我们将这类助熔剂叫做助焊剂，专门用于焊接。

焊粉的使用　取少量焊粉加热水调和，形成黏稠的液体，焊接前用毛刷蘸取涂抹于焊接处；也可直接用加热后的镊子蘸取焊粉涂抹于焊接口，这两种方法都可以。

◎ **火焰温度控制**

焊接时火焰需调节至中火，切不可用熔银的强火，否则极易将工件烧毁。先整体加热焊接的物件，使温度均匀升高，再集中加热焊接口，待焊药熔化流入焊接口时撤火。加热时需要保证焊接口周围的温度是均匀的，焊药熔化时才会进入焊缝中间，接合两部分。焊药流动的规律是朝着温度高的地方流，很多时候焊药熔化后并不往焊缝中间流，那就需要考虑温度是否均匀。

焊接的工艺步骤

1 准备好需要焊接的部件，摆放好。

2 焊接处涂抹助焊剂。

3 焊料剪成小块，紧贴着接合线摆放。

4 微火加热，使助焊剂中的水分蒸发。

5 持续均匀加热，助焊剂会熔化成透明黏稠状，若焊料位移，可将焊料推回接合线。

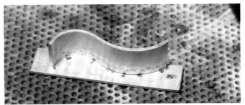

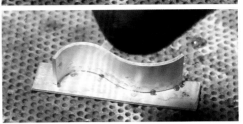

6 焊料从一端开始熔解，控制火源位置，带动焊料流动，焊料熔解后会往温度较高的一侧流动。

7 移动火源带动焊料，完成整个焊接线。

8 将焊接物件转动到背面，检查焊料是否布满整个缝隙。如焊料未流动到背面，可在背面加热，使焊料流动到背面。

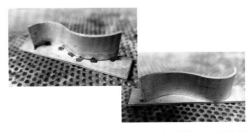

焊接完成后会留下氧化物及硼砂结晶

8 酸洗

酸洗是指将退火或焊接后的金属浸泡于酸液中，清除氧化物与焊剂残留物的过程。银饰行业内最常使用的酸液是明矾，因其非常便于购买。其他适用的酸液还有磷酸、柠檬酸分析纯和稀硫酸。

这些酸液加热使用效果更好，传统银匠习惯使用火枪加热明矾碗煮银饰，现在很多工作室会选择电炉搭配烧杯、慢炖锅、电热锅等加热设备。

一般情况下，银饰在加热的酸液中浸泡5分钟左右就可去除氧化物与焊剂残留物，但是有时由于酸液浓度不够，浸泡的时间需要更长一些。酸液经过几次使用后，清洗效果会越来越差，这时就需要考虑更换酸洗液，或者加入新的酸液增加浓度。酸液在加热的过程中会不断蒸发，需不时补充清水，避免干烧。

切勿用不锈钢镊子直接伸入酸液中夹取银饰，也不要把带铁的东西放入酸液，铁元素会污染酸液，导致浸泡出来的银饰表面覆盖上一层薄薄的铁。为了避免这种情况，只能使用木质或塑料材质的镊子等夹取溶液中的银饰。

银饰酸洗后会呈现出一种洁净的亚光白色。

9 成型

（1）简单成型

钳子可以使银片或银线弯曲变形，制作出简单或复杂的造型。钳子种类丰富，常用的有圆嘴钳、尖嘴钳、扁嘴钳、弯嘴钳等。

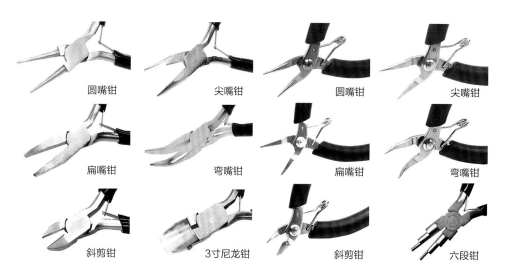

圆嘴钳	尖嘴钳	圆嘴钳	尖嘴钳
扁嘴钳	弯嘴钳	扁嘴钳	弯嘴钳
斜剪钳	3寸尼龙钳	斜剪钳	六段钳

简单成型是一门综合运用的工艺，改变银线的曲度需要配合手指的推力，而不要使用很大的夹力，不然金属钳子极易在银饰表面留下印痕，破坏银饰表面的平整度，影响美观。为了避免留下印痕，也可以在钳嘴处安装皮垫或嘴套。

（2）球面成型

◎ 窝作与圆冲头

银饰的球曲面是使用窝作（具有半圆凹洞的钢模）搭配冲头来制作的，窝作和窝錾（也叫冲头、窝冲）可以理解成一组子母钢模。将平面银料放置在窝作中，用窝冲敲击形成球体的方法就称为球面成型法，也可以用这种方法为平面金属制作曲面，改变金属平整的状态。

▌球面成型工艺步骤▐

1 锯切出不同形状的银片，先退火。

2 将银片放入窝作，选择合适的窝冲做第一次敲击。

3 逐渐选择更小的窝作，再次敲击，会得到曲度更大的半圆，直到满意为止。敲击过程中如果金属变硬需要进行退火。

🔟 银饰表面的质感处理

银材质较软，退火之后，使用碾压机、锤子和錾子等工具就能很容易地在银表面制作图案和肌理。

（1）锤敲肌理

铁锤子不仅是制作银饰重要的成型工具、锻造工具，而且不同的锤面可以敲击出不同的纹路和肌理，增加银饰的艺术效果。

不同锤面的锤子

◎ 用圆头锤子锤出的水波纹

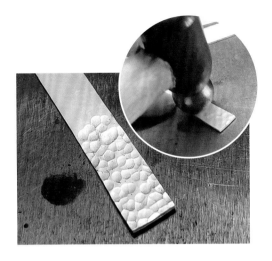

◎ 用更小的圆头锤敲击出来的花纹

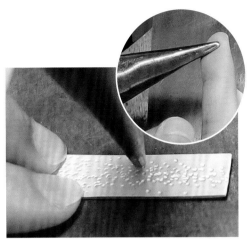

◎ 在石块上用橡皮锤锤击银材背面，与石块接触的那一面会呈现粗糙质感

◎ 用不同的锤子锤出不同的肌理

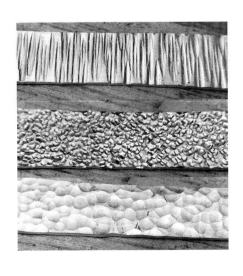

（2）工具錾制作肌理

工具錾由钢条、碳钢等较硬的金属通过锻造成型后再经淬火及回火制成。

具体操作方法是用锤敲击工具錾，利用银的延展性，在金属表面留下印痕。

花錾

刀口为简单的几何形状，常用的有三角、鱼眼、梅花、树叶、鱼鳞、方块等，通过一种或多种形状的重复组合，完成银饰表面肌理制作。

◎ **不同花錾制作的肌理效果**

刀口是完整的图案，是利用激光雕刻在锻造好的錾子上制作图案，图案可以自行设计与定制，近些年流行的银饼制作就使用了这类錾子。

数字錾、字母錾

可以在银饰表面刻出精细的字母或数字，市面上有很多不同尺寸和字体供选择，做银饰常用大小为1~2.5mm。操作方法与花錾一样，摆放好位置后用锤子以合适的力度敲击即可。

数字　　　　　　　　　字母

图案錾、数字錾、字母錾工艺步骤

将金属片平放在方铁上，一只手拿錾子，另一只手拿铁锤，用合适的力度敲击錾子，使图案、符号或数字、字母清晰地刻印在金属片上。

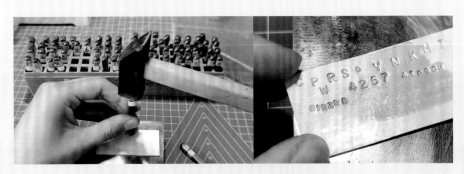

⓫ 银饰表面处理：抛光、磨砂、拉丝

磁力抛光

镜面抛光

手工压光

磨砂

拉丝

（1）抛光

　　抛光是银饰制作最后一道工序，也是非常重要的一道工序，抛光能使银饰的细节更加完美、线条弧度更加流畅光滑，使银饰从毛坯变为光彩夺目的作品。不同的抛光方法能呈现不同的抛光效果，银饰抛光方法大致分为磁力抛光、镜面抛光、玛瑙刀压光等。

◎ 磁力抛光

　　磁力抛光是利用磁力抛光机完成的。磁力抛光机里需要放入细小的磁针、抛光膏、水，通过磁力场拖动不锈钢针快速旋转撞击银表面，从而达到抛光效果。磁力抛光机抛光的银饰表面呈现微微的磨砂感，不能达到镜面的效果，但很高效，一次可放入多件银饰一起抛光，很多DIY银饰体验店都会选择磁力抛光机抛光银饰。

抛光膏

磁针

磁力抛光机

▎磁力抛光工艺步骤▎

1 将待抛光部件用砂纸卷打磨光滑，砂纸卷的使用顺序一般为：240目、400目、600目、800目，砂纸目数越大，表面颗粒越小，打磨效果越细腻。

2 用800目砂纸卷打磨后得到的效果。

3 放入磁力抛光机转动8分钟。

4 取出并清洗干净。以上图片就是磁力抛光后的效果。

◎ 镜面抛光

银饰的镜面抛光需要使用不同目数的抛光蜡和布轮。

| 镜面抛光工艺步骤 |

1 ▶ 准备白色布轮、抛光蜡（红色为粗蜡，白色为细蜡）。

2 ▶ 抛光前用800目的砂纸卷打磨银饰，一定要确保打磨光滑再开始抛光。

3 ▶ 将布轮插入打磨机手柄，锁紧。

4 ▶ 布轮转动时蘸取粗目数的抛光蜡进行第一遍粗抛。蘸有蜡的布轮高速转动，来回在银表面摩擦，银饰此时会发热，并能明显看到变得光亮。镜面抛光需要多次练习，感受布轮速度与银温度的变化。抛光效果减弱时需要重新蘸取抛光蜡。

5 ▶ 粗抛第一遍后，可以看到银饰表面变光亮，接着用布轮蘸取白色细目数的抛光蜡精抛。

抛光前后的对比

提示

　　有细小夹角的银饰包括链条类首饰，可以先用磁力抛光机抛光，再用布轮和蜡进行镜面抛光。

◎ **玛瑙刀压光**

　　传统银饰的镜面抛光是用玛瑙刀或钨钢压光笔（钢压笔）纯手工压光，比较耗费时间。

　　操作方法是把银饰过一下洗洁精水，再用玛瑙刀来回在银饰上用力刮，直至出现镜面的光泽。手工压光较费时，面积过大时也很难刮均匀，但是颇有手工的味道。

┃玛瑙刀压光工艺步骤┃

1▶ 准备装有水的小瓷碟，往里加入一滴洗洁精，搅拌均匀。

2▶ 将银饰泡入洗洁精水中。

3▶ 保持银饰湿润的状态用玛瑙刀用力来回刮，可刮出亮光。

4▶ 也可以用钨钢压光笔刮，原理一样，效果更好。注意刮的过程中保持银表面湿润。

5▶ 继续整体刮，直至得到满意的效果。

手工压光的效果

（2）磨砂

磨砂是银饰表面的一种处理方式，能制作出与镜面抛光不同的亚光质感，营造出低调沉稳的风格，受到许多人的喜爱。工厂大批量制作磨砂质感的方式是使用专业的喷砂机，手工银饰的制作则一般会借助右图所示的打砂针。打砂针需要安装在吊磨机或牙机上使用，根据针粗细不同分为四个型号，细针打砂头制作出来的磨砂效果更为细腻，粗针打砂头制作出来的质感更粗犷。

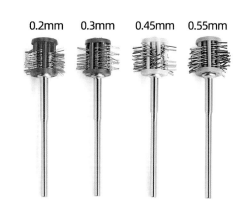

0.2mm　0.3mm　0.45mm　0.55mm

｜磨砂工艺步骤｜

1 先用400目的砂卷纸打磨需要磨砂的表面。

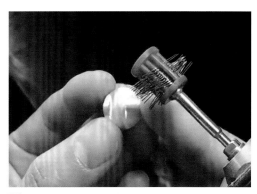

2 打砂头装入打磨机手柄。

3 启动机器，让转动的打砂头轻轻触碰银饰表面，反复来回走动，就能制作出磨砂的效果。注意打砂力度要均匀。

磨砂效果

（3）拉丝

拉丝也是一种受人喜爱的银饰表面质感效果。使用如右图的金刚砂针轻轻触碰银饰表面，并左右滑动，就可以制作出拉丝的效果。

｜磨砂工艺步骤｜

1 先用400目的砂卷纸打磨需要磨砂的表面。

2 选取合适的金刚砂针头装入牙机。

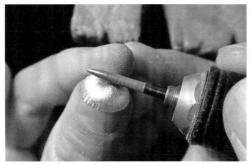

3 针头接触银表面，并且有方向地移动，在金属表面留下拉丝的肌理效果。

拉丝效果

12 银饰发黑（做旧）工艺

使用银发黑剂或者硫磺皂可以使银表面发生硫化反应而变黑，营造一种复古暗黑的效果。

银饰发黑工艺步骤（使用银发黑剂局部做黑）

1 准备银发黑剂、小号笔刷、擦银棒、白色瓷盘，以及需要做黑的银饰。

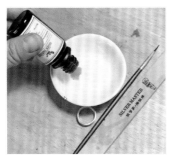

2 将银发黑剂滴入干净的白色瓷盘。

3 用笔刷蘸取银发黑剂涂抹至银表面，银饰会立刻发黑。

4 等待数秒后颜色会逐渐加深变黑。

5 用擦银棒擦擦拭不需要发黑的部分，字母和刻入的线呈黑色，其他位置是白色。

完成

银饰发黑工艺步骤（使用银发黑剂整体做黑）

1 准备银发黑剂、明矾碗、需要做旧的银饰。

2 将银发黑剂滴入装有水的明矾碗，三四滴即可。

3 将银饰浸泡其中，用火枪加热明矾碗。

4 等待几分钟后，银饰变黑。

完成

|银饰发黑工艺步骤（使用硫磺皂）|

1▶ 准备硫磺皂、明矾碗、需要做旧的银饰。

2▶ 将一小块硫磺皂放入加水的明矾碗中。

3▶ 放入银饰。

4▶ 碗底用火枪加热，待水温变热，硫磺皂会溶于水。

5▶ 银饰浸泡几分钟，颜色变黑就可以取出。如果颜色不够深，可以继续多加热几分钟。

完成

🔢 银料回收与熔金

经过不同的加工方式，银料会从原来较大的尺寸被裁剪成较小的尺寸，也就变成了所谓的"剩料"。这些剩料丢弃非常可惜，如果经过正确的回收处理，则可以进行二次使用。

珠宝金工行业非常注重金属的成分与纯度，因此回收的银料必须确定其成分与纯度。养成良好的回收习惯能够更好地利用这些"剩料"。

（1）银料的回收

准备好四个容器，分四个等级收集回收的银料。

容器①： 放置小块状的999银料。

容器②： 放置小块状的925银料。

容器③： 放置碎屑状的银料，碎屑状银料的提炼方式比较复杂，一般会攒到一定量后交给专业机构处理。

容器④： 放置还能继续使用的比较大块的银料。

容器①

容器②

容器③

容器④

块状与碎屑状银料分开回收和提炼，可以更好地掌控银料的纯度。将大块的银料剪小或折小，能方便放入坩埚熔解。

（2）熔金前的银料整理

块状银料杂质较少，一般会把相同纯度的银料放在一起熔，999与999碎料一起熔，925与925碎料一起熔。

熔金前要把被焊药焊接过的位置挑出去，避免造成纯度降低。

粉屑类的银料如果比较干净，也是可以回收的，但是步骤会比较烦琐。锯锉后得到的粉屑常含有铁屑，铁屑的清除必须使用磁铁。方法是将银粉平铺于白纸上，用磁铁反复吸取其中的铁屑并清除。其他的杂质，像是木屑、纸屑等熔点低的物质，会在高温溶解过程被烧尽。

（3）熔金

收集起来的金属剩料需要通过集中熔解后才能成为可以再次使用的原料。利用高温能将固态金属转化成液态，再将液态金属倒入模具冷却固化后成为金属铸块，这个过程称为熔金。

这些金属的铸块称为锭。锭的形状由模具决定，可以是方块状、厚片状、圆条状等。锭可以经碾压机碾压至所需厚度。如果没有碾压机，可以使用铁锤锻造成相对较薄的板材，条状锭则可锻造成直径相对较小的圆柱，直到粗细合适再使用拉丝板来制作线材。

◎ **氧焊A：煤气、乙炔＋氧**

上图中是氧气罐+煤气罐+焊割枪，火焰温度高，可迅速融化金银等金属，氧气和煤气可由当地气站配送，适合熔炼300g以内的银料。

◎ **高温熔炉**

电磁加热，能够快速熔炼大量金属，缺点是当回收的银料不多时，不如氧焊设备灵活便捷。

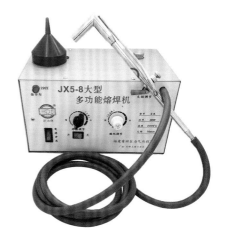

◎ **氧焊B：丁烷气＋氧**

上图中是卡式丁烷气管＋史密斯焊枪+制氧机，价格较高，由于火枪头小，不适合一次熔炼过多金属，只适合熔炼几十克的重量。

◎ **熔焊机**

体积小，操作简单，价格便宜；使用燃料汽油或白电油，熔化金属需要较长时间。

◎ 倒金槽

倒注金属溶液前需要涂油，防止银料与槽壁黏结，所以也常被叫作油槽，一般涂机油即可。常用的
油槽有以下几种。

· 平面式倒金槽

通过油槽内的金属块调节倒注金属液的多少，可以倒注出方条、方块等形状。新手第一次
倒注可选择这种倒金槽，开口大，倒注难度小。

· 直立式倒金槽

这种倒金槽可以倒注出直径较细的圆条和
比较薄的板材，节省后面加工的时间。

· 石墨倒金槽

能倒注出各种形状，但不可以调节大小。

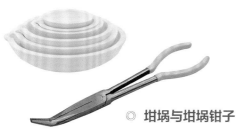

◎ 坩埚与坩埚钳子

◎ 硼砂

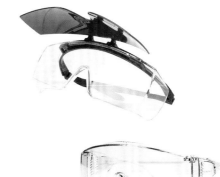

◎ 其他辅助物品：手套、特殊眼镜等

熔金工艺步骤

1 根据熔银量选择大小合适的倒金槽。

2 确定火源设备及相关安全事宜，熔焊机要加满油，确保能提供足够的火焰温度。

3 碎银放入坩埚。

提示

　　新买的坩埚需要进行预处理才能用于熔银，具体方法是：加热坩埚，然后在坩埚中撒入硼砂，继续以强火熔化硼砂，冷却后碗底会形成玻璃质保护层。这层保护层能防止熔化后的银液与坩埚黏结，倒出银液时会更顺滑。

4 熔焊机温度不是很高，为了节约热量，熔银时可以用另外两个坩埚围住起到保温作用。银料全部熔化后再揭开。

5 准备倒金槽，调整好槽的大小，涂油。

提示

　　模具不可有水，熔化的金属液体与水相遇会形成四射的小"子弹"，非常危险。

6 开始熔解银料，原则是用最大火快速熔化银料，时间越久，对银料品质的影响越不好。另外加满油的熔焊机也只能连续燃烧十分钟左右，需要在这个时间内将银熔化，否则就需要重新添加汽油了。

7 添加助熔剂。原则是只在银料难以熔化时添加，通常925银需要加助熔剂，999银不用加。

8 银料完全熔化后会呈现蛋黄般的状态，适当摇动坩埚，完全不粘底时可准备倒注。

9 倒注银料于倒金槽中。注意倒注时火枪要同时加热碗口和倒金槽，并且控制倒注的速度。

10 倒注完成，待冷却凝固后取出，银块上会留有硼砂结晶，清洗的办法是放入明矾水中煮。

熔金后的银料

14 银片、银棒的制作

手工制作银饰，不同的作品往往需要用到不同厚度的银原料。碾压机是金属工艺制造中不可或缺的设备，熔金后金属块需要靠碾压机来制成不同厚度的板材。

碾压机的构造是小齿轮带动大齿轮，将马达转动的速度转化成扭力。碾压机两个滚筒中间的空隙大小可调整，如果将空隙调整为比金属的厚度更小时，滚筒转动，摩擦力会迫使金属向前推进，从而使厚度减小、长度增加。

碾压机

| 用碾压机制作银片的工艺步骤 |

1 可以利用碾压机将银锭加工成银片。开压片之前需要先进行退火处理。

2 银锭较厚，退火后过水时需要多浸泡一些时间，完全冷却之后，才可以用手触碰。

3 将碾压机滚轮的空隙调节至合适的厚度，让银锭从中间压过。

4 再次将空隙调整为比压过一次的银片厚度更小，再次推进碾压，得到更薄的板材。

5 在银片的压制过程中需要多次退火。

如果斜着一些
压，银板在变长的
过程中也会变宽。

用碾压机制作银棒的工艺步骤

1 银料熔金后制作成条锭。

2 对条锭进行退火。

3 过碾压机的方孔，从最左边最大的孔开始，逐渐使用更小的孔。压制一次后截面会呈现菱形，需要换到对角的方向再压制一遍，才能得到截面是四方形的银棒。

4 逐渐使用更小的空隙压制，
得到截面更小的方棍。

15 錾刻

錾刻是用不同形状刀口的錾子在金银铜等金属表面进行纹饰刻面与镂雕的古老金属工艺。

（1）錾刻工具

錾刻时需要将加工件固定在錾刻台上或者錾刻胶板上。

錾刻台是一块厚重的铁墩，主要用来加工平片形的工件。

胶板一般由松香、石膏粉、植物油按一定比例混合制成。使用时可以用火枪将胶板烤软，将工件边缘埋入其中，冷却之后工件便被固定在胶板上，这时便可进行錾刻。錾刻完成后只需再次加热胶板便可取下工件。残留在金属上的錾刻胶可以用松节油洗掉，也可以用火枪烧掉。用火枪时需注意要在通风良好的地方进行，最好是户外。

錾刻时，錾子与金属表面的角度不是垂直的，要略微倾斜，呈75度左右比较合适。用小锤敲击錾子，錾子不断向前移动，从而形成连续不断的槽线。錾子倾斜的角度不是固定不变的，錾刻弧线时需要灵活调整錾子的角度和锤敲力度。

錾子

金属錾刻台

錾刻胶台

（2）錾刻工艺

| 錾刻直线工艺步骤 |

1 准备一只直口錾子。

2 将银板固定在錾刻台面上，银板厚度1.2mm。

3 在银板上用记号笔画出一条直线，接下来需要沿着这条线进行錾刻。

4 拿錾子的手要放松，錾子稍稍倾斜，但倾斜度不能太大，否则錾子容易卡进金属，细心体会如何利用锤击錾子的反弹力向前走刀，注意要以由外而内的方向走刀。

5 如果在錾刻的过程中錾子卡顿不前进，要考虑拿錾子的手是不是太用力了，要注意放松。

6 如果觉得第一遍线錾刻得太轻或是不够顺畅，可以再錾刻一遍，将线条修饰清晰、顺畅。

7 多练几排线，直到走出的直线清晰明确，顺滑笔直，深浅一致。线越密难度越大，熟练后可以逐步增加密度。

1 在练习的银板上用记号笔画出一条波浪形的曲线。

2 选择如上图弧度较平的曲线鏨进行鏨刻，大家也叫这种鏨子跑鏨、弯钩鏨。

3 握鏨的方法、倾斜的角度与鏨刻直线一样，不同的是鏨刻不同弧度的曲线时，鏨子角度变化更大，跑比较平缓的大弧度曲线时鏨子倾斜角度小，跑小弧度曲线时鏨子倾斜角度大，才能保证鏨刻弧线不出界。

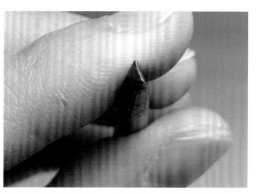

4 锤敲的力量适中、节奏均匀，使鏨子随着敲打不断沿着轮廓线前移，从而刻出一条流畅的线条。

鏨刻传统云纹工艺步骤

1 将银板固定在鏨刻台上，银板不够长时，可以用鏨子或者木棍辅助压住，两端固定才更加稳固。

2 用记号笔把要鏨刻的纹样描绘出来。

3 根据錾刻的弧度调整錾子的倾斜度，连续敲击，缓慢地沿着画好的线移动錾子。云纹可以设计在手镯上、吊牌上等。

錾刻浮雕桃心工艺步骤

1 将银片退火软化之后固定在胶板上，用记号笔描画出要錾刻的桃心。

2 待胶板冷却变硬，用锤子敲打不同大小的窝冲头，将桃心背面踩进去，正面就会鼓出来，适当用火枪将桃心下面的胶烤软，更容易踩出凹陷。

3 当银片变硬时，用小火（红色火焰的软火）将胶面烧熔化，用镊子将银片从胶板上取下，用火枪进行退火，这一步需要在通风良好的地方进行，一般户外最好。

4 将银片再次固定在胶板上，继续用更小的窝錾，直到踩出足够深的凹陷。

5 将银板取下，凸面朝上固定在錾刻台上，用平面踩錾将桃心四周踩平。

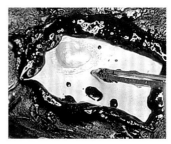

6️⃣ 如果桃心形状并不是很饱满，银片退火之后，将银片凹面朝上再次放回胶板上，用窝錾再修整一遍。

7️⃣ 银片再次退火之后，凸面朝上放入胶板中固定，桃心的空间要被錾刻胶填满。

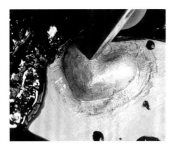

8️⃣ 用平面踩錾将不平整的地方踩平。

9️⃣ 从胶板上卸下银片，清洗干净，用锯子沿外轮廓把桃心锯下来。然后就可以对桃心做进一步的加工制作了，比如在凹面焊接耳针制作成耳钉，也可以在凹面焊接一块银片把桃心封闭起来。

16 其他常用工具

◎ **台钳**

　　安装在工作台上使用，是一种常用的固定工具。

◎ **手虎钳**

　　夹持小型工件或薄片的一种手持工具。

◎ **球针**

也叫作波针，珠宝镶嵌工艺中的常用工具，配合牙机或吊磨机使用，可以在金属面上制作圆形的槽位。

◎ **牙针**

珠宝镶嵌工艺中的常用工具，配合牙机或吊磨机使用，主要用于在金属上开槽、精修细节等，也常常作为扩孔工具。

◎ **钨钢旋转锉刀**

配合牙机或吊磨机使用，能切削金属，特殊位置可以用其修整形状。

◎ **吸珠**

配合牙机或吊磨机使用，可以快速地给金属线端头倒圆角，常常用来打磨镶石爪、金属铆钉头和耳针头。

◎ **火漆**

加热时变软融化，常温下为固态，常用来固定金属。

◎ **木戒指夹**

用于固定戒指。

第2章

手工银饰技法全书

金工·银黏土

手工银饰
中线材的
应用

银线有不同的粗细和形状，通过不同的工艺能够制作出丰富多样的银饰样式，广泛应用于传统的花丝首饰、手链项链、以及坠饰扣头等首饰局部等。

银线的制作方法是先将银条碾压成细条，再通过圆形模孔将其抽拉成线。手工抽线非常费时费力，因此可以购买工厂量产的规格化线材，各种直径的线材都可以买到。偶尔缺少某些尺寸的银线时，可依靠手工抽线的方式制作。

抽线的基本原理是线材通过比它直径稍小的模孔，借助压力和拉力拉伸线材，使线材的直径缩小，长度增加。

1 抽丝板抽线

银线抽线最常用的工具是抽丝板，也叫拉丝板，是一块大约5mm厚的钢板，具有从小到大各种尺寸的模孔，模孔形状有圆形、方形、椭圆形、三角形、半圆形、六角形、长方形等。银线通过这些形状的模孔，可以挤压出不同直径、不同形状的横截面。

▌抽丝板抽线工艺步骤▐

下面示范将约2.0mm直径的银线拔细至直径1.5mm。

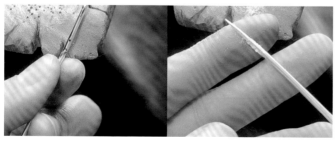

1 ▶ 用锉刀将银线端头1.5cm的长度磨细。

2 ▶ 对银线进行退火。

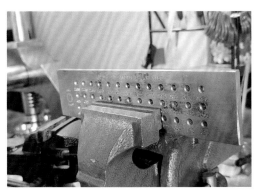

3 将抽丝板固定好。

4 将锉细的一头插入2.0mm的模孔，伸出足够的长度供抽线钳夹取，并在银线上涂抹润滑油。在银线上涂抹润滑油可减小摩擦力。

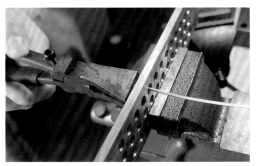

5 用抽线钳夹紧银线，向前抽拉。

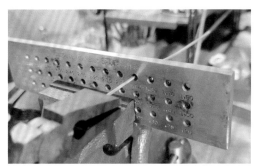

6 继续让银线通过更小尺寸的模孔，拔出更细的银线，注意保持银线与抽丝板垂直。

提示

第一次抽拉使用的是2.0mm的模孔，但得到的是1.825mm的直径，因为在拉力的作用下线会变得更细，退火程度以及不同的银料延展性不同，用相同大小的模孔抽丝会得到不同的结果。因此，当拔丝的目标尺寸是1.5mm时，并不能用1.5mm的模孔，需要用稍大一点的模孔，并多次测量抽丝的结果是否达到需要的尺寸。

线被压缩而延伸的过程中会硬化，因此在拉线过程中需要适时地进行退火操作，才能继续拉线。对于粗细、长短适中的银线，可以一只手用焊夹夹住银线，另一只手控制火枪，让火焰顺着银线的方向烧，这样火焰能接触到银线的面积较大，可以缩短退火时间。

完成

7 拉线几次后，为了穿过更小的模孔，需要重新磨尖银线端头。

2 脚踩抽线

如果没有台钳等工具固定抽线板，传统的方法是将线板架空，让银线从底下穿上来，并用脚踩住抽线板，保证在抽拉线的过程中不动，手持拔丝钳夹住线头，将银线抽出。此方法比较费力。

第2节 | 制管

管状材料在银饰作品中的运用很广泛，多用来制作配件、合叶开关、铆钉等，学会制管能帮助我们创作出更多的作品形式。

1 制管的取料算法

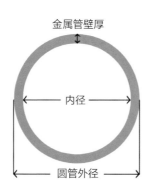

金属管壁厚

金属管壁厚

内径

内径

圆管外径

圆管外径

● 想得到确定的内径

银材宽度＝（内径＋厚度）×3.14

● 想得到确定的外径

银材宽度＝（外径－厚度）×3.14

速查表

内径	金属管壁厚 / mm			
	0.6	0.5	0.4	0.3
3mm	11.3	11.0	10.7	10.4
4mm	14.4	14.1	13.8	13.5
5mm	17.6	17.3	17.0	16.6
6mm	20.7	20.4	20.1	19.8

外径	金属管壁厚 / mm			
	0.6	0.5	0.4	0.3
3mm	7.5	7.9	8.2	8.5
4mm	10.7	11	11.3	11.6
5mm	13.8	14.1	14.4	14.8
6mm	17	17.3	17.6	17.9

② 制管工艺

|制管工艺步骤|

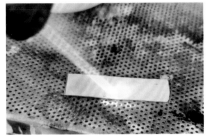

1 锯切出需要的银材宽度，对其进行退火。

2 银条一端用钢剪剪成锥形。

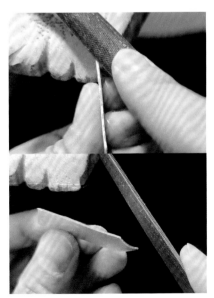

3 将银条边缘用锉刀修平整。

4 使用圆弧坑铁配合圆棒将银条弯曲。

5 ▶ 逐渐地加大银材的弯曲度。直到银材的前端能放入抽丝板的模孔。中途需要多次退火。

6 ▶ 从工件能进入的最大的模孔开始抽丝。逐渐地用更小的模孔抽丝。在抽丝过程中，银材接缝会逐渐变小，最后会密合成管。

7 ▶ 焊接缝隙。

8 ▶ 酸洗。

9 ▶ 继续经过更小的孔洞，抽丝到需要的尺寸，完成。

第3节 **丝线首饰常用工艺**

① 银线的扭转

  银料具有良好的延展性，将不同横截面的银线扭转能形成旋转的造型，是银匠们常用的工艺手法。

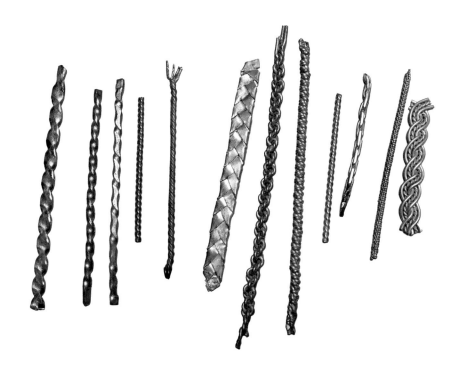

◎ **半圆截面银线的扭转**

◎ **方形银线的扭转**

◎ **两股圆形银线的扭转**

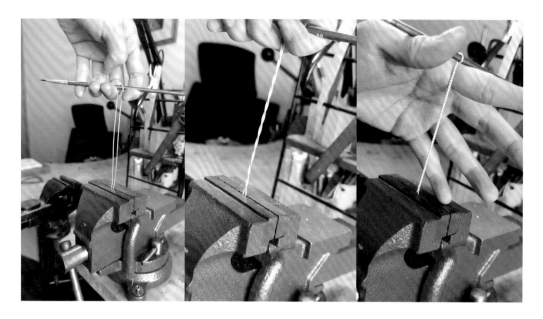

扭转工艺在戒指上的应用

手工银饰技法全书
金工·银黏土

2 银线的编织

因为银线具有良好的柔韧性，手工艺人们经常利用它们进行编织，再配合碾压机、抽丝板，能制造出多种多样的视觉效果。

银材：银线4根
（1.2mm直径，
10cm长度）

| 十字编圆戒制作步骤 |

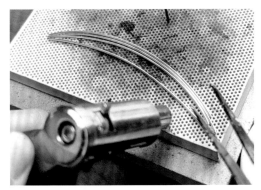

1 编织之前先对银线进行退火。

2 将退火后的银线放入凉水中降温。

3 将四根银线夹在台钳上，分别拉到上下左右四个方向。然后选择相对方向的两股银线拉向相反方向，左边的银线拉到右边，右边的银线拉到左边，注意要拉紧拉平。再将上面的银线拉到下面，下面的银线拉到上面，用这种十字相交的方式一层层往上编织形成银绳。

4 ▶ 编织完成后，银线经过拉扯会变硬，此时需要再次放到防火砖上进行退火。

5 ▶ 用胶锤敲击编织好的银绳，使其紧密。

6 ▶ 用碾压机的方孔进行碾压，银绳会变得更加密实。

7 ▶ 再次退火软化。

8 ▶ 用脚踩住放在木凳上的拔丝板，将银绳从能穿过的最小模孔拔出，逐渐缩小经过的模孔，直到将方形直径的银绳制作成圆形的直径，拔线的过程中银线硬化后需要进行退火。

9 ▶ 将银线制成银绳后，可用于制作戒指。

10 ▶ 找到合适的位置裁剪，使对接整齐后花纹自然过渡，没有明显的接口痕迹。

11 ▶ 焊接戒指圈，详细的戒指焊接技巧见本书129页。

12 ▶ 打磨、做旧、抛光之后戒指就完成了。

3 基本的圆链工艺

链条由一个个环结组成，环结可以是圆形、椭圆形、方形等基本几何形状。下面我们演示圆形环结的基础链条的制作。

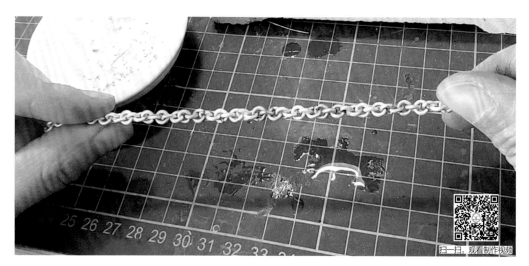

银材：银线（1.2mm直径，1捆）

制作步骤

1 整捆银线一起退火，火枪顺着银线绕圈均匀加热，火焰不要太强，以免将银线熔化。

2 选择2.5mm直径的线芯，制作一条具有厚实感的链条。

3 将线芯与银线一起夹在台钳上，夹紧。

提示

制作圆链需要用到线芯。线芯的直径需是所用银线直径的2倍以上。完成后的圆链疏密度由线芯和银线的直径比决定，直径比越大，圆链越稀疏，直径比越小，圆链越密实。

4 银线顺着线芯向上绕圈，形成弹簧线圈的形态。绕的第一个圈是最重要的。第一个圈越接近水平，完成后得到的每个小银圈就越接近正圆；如果第一个圈是倾斜的，后面绕出来的"弹簧圈"就会越来越斜，完成后得到的小银圈就越接近椭圆。弹簧圈绕得越紧实，完成后得到的小银圈大小就越接近。

5 绕线的速度慢一点，尽量绕标准。

6 完成绕圈后将多余的线芯剪掉。线芯不要拿出来，作为后续锯切时的支撑，有线芯的支持，用力捏住时银线圈不容易变形。

7 用6/0号的锯丝将所有小银圈锯断。

8 剩余最后几个小银圈时，手指不容易拿住，可以用平行钳夹住小银圈再锯。

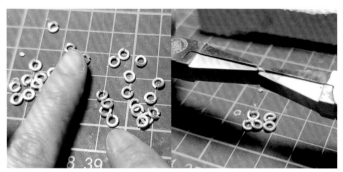 

9 把锯好的小银圈分成数量相等的两份，其中一份用钳子将所有小银圈闭合（后期进行焊接成为闭口环），另一份作为开口环。

10 准备一些小块的焊药，小银圈很小，焊药用量一定不能多。

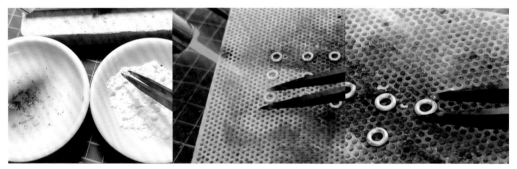

11 夹一小块焊药到焊台上，用火枪烧成球，粘在镊子尖上（本案例使用的镊子是钛镊），再用粘了焊药球的镊尖蘸一点焊粉，镊尖靠近银环焊接口。先均匀加热银环，再着重加热焊接位置，到达一定的温度后焊药即会流向银圈焊接口，焊住焊口。依次将所有小银圈焊好。

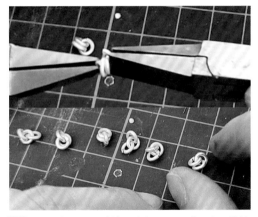

12 用一个开口环连接两个闭口环，将3个环连接在一起。

13 用反向焊夹夹住三环部件的开口环，接口朝上，进行焊接。注意焊接时要将其余两个闭口小银圈的焊接口转到下面远离火焰的方向，尽量避免被火焰烧到。

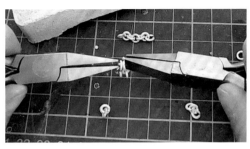

14 再用一个开口环连接两组3环链，形成7环链。

15 焊接连接的开口环，注意火焰的方向，不要将其他环的焊接口烧化。

16 继续用以上的方法用一个开口环连接两个7环链，形成15环的链条。

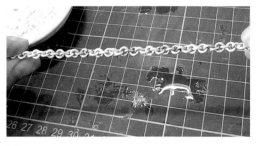

17 继续重复以上的操作直到得到需要的长度，就完成了基础圆链的制作。

提示

分组焊接的方法比一个一个环焊接更加高效，并且更加不容易出错。

4 基本的扁链工艺

学会制作圆链后，扁链的制作就会很简单。

|制作步骤|

1 先制作一条基础圆链，退火之后，将一端的银圈套在固定在台钳上的小铁棒上。

2 圆链另一端的银圈也穿过一根铁棒，拉直。顺时针或逆时针以一个方向旋转，直到将链条转平。

3 将链条放在方铁上用小锤锤平。

4 再用锉刀锉平，最后用砂纸打磨就完成了。

制作更粗的链条也
是用相同的方法

第4节　手工制作银饰配件

在本书第1章，我们介绍过市场上可以直接购买到银饰配件，但追求完美的手工艺人也会自己手工制作配件，因为配件也是作品的重要组成部分，量身打造的配件对首饰来说会锦上添花。下面就介绍用银线手工制作银饰配件的基本方法。

（1）手工耳钩子的制作

| 制作步骤 |

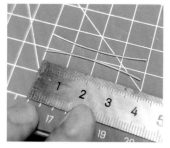

1 准备直径0.8mm的925银线，裁剪成4厘米长。

2 对银线进行退火。

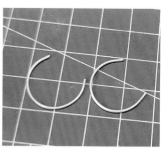

3 用戒指量棒做支撑，弯出两个一样大的圈。

4 用反弹夹夹住，火枪加热圈的一头，烧出一个小球。

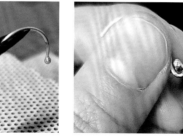

5 用圆嘴钳将小圆球像后方弯折，调整好形状。

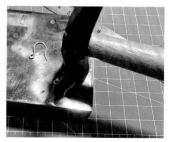

6 把耳钩放在钢砧上，用铁锤轻敲耳钩弯曲的部分，使耳钩变硬。

提示

制作耳钩时需要两只同时同工序进行，这样才能保证两只手工耳钩大小、形状的一致性。

（2）为耳坠制作合适的耳钩

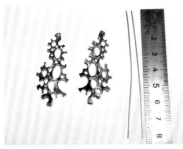

银料：银线（长8cm，
直径0.8mm，2根）
工具：不同钳口的钳
子、小钢尺、记号笔

| 制作步骤 |

1 在银线上用记号笔标记出需要折
弯的位置。

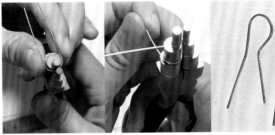

2 使用圆嘴钳对银线进行弯曲，塑形，为了保持一致性，两只
耳钩要同时制作。

3 在耳钩上制作9字头，用于
安装耳坠。

4 安装耳坠，套入耳坠时需
要注意正反。

5 不影响美观的情况下，接
口的金属线多绕几圈可以
增加牢固度。

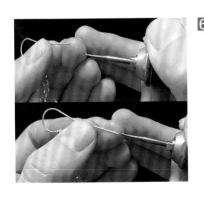

6 打磨耳钩端头，穿
入耳洞时能更顺滑
舒适。通常使用吸
珠针打磨，较为方
便快捷。吸珠针是
珠宝微镶工艺里的
一种常用车针，配
合牙机使用。

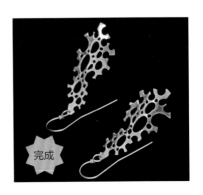

完成

第 3 章

银黏土

技法与实例

　　银黏土并不是泥土，而是把银块磨成极细的粉末后，加入结合剂和水，充分混合后成为可以塑形的黏土状态。使用简单的工具如硅胶笔、木棍、笔刀等对银黏土进行塑形，再经过高温烧制，水和结合剂会燃尽，银粉表面熔化互相黏结在一起，形成最后的作品。银黏土的成品虽有一定的强度和硬度，但是容易断裂。市面上一般的银饰品是将银块直接熔化成液态、敲打、拉丝或者浇筑石膏模而成，强度和延展性都很好。在制作银黏土作品时要注意烧制的温度一定要低于银的熔点，防止银被烧熔。银黏土烧制后，作品表面会产生一层白色结晶物，用铜刷刷除后，就能显露出银的颜色。

1 银黏土不同干湿状态的不同用途

　　银黏土可以晾干至完全干燥或者加水调和使用，不同干湿度的银黏土有不同的用途。

a.将银黏土完全干燥，适合雕刻。

b.银黏土原本的状态，湿润但不粘手，能揉搓成各种形状，弯曲时也不容易开裂，是最佳的塑形状态。反复揉搓可以降低银黏土的湿度。

c.加水，银黏土变稀，硬度降低，不易成型，适合用于填充、修补。

d.继续加水调和，变成糊状，常用于修补，粘接银黏土部件。

提示

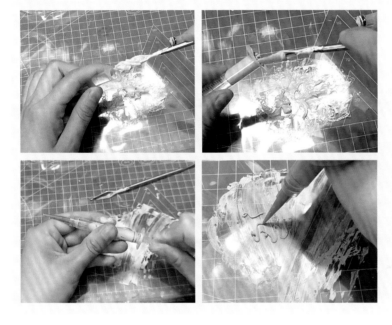

市场上有一种针管型的膏状银黏土，可以很方便地用于修补或造型。我们也可以将糊状银黏土填装进针管，自己制作这种银黏土针管。

② 银黏土的保存

　　银黏土暴露在空气中后，其中的水分容易挥发，因此取多少用多少，剩下的一定要包装好，尤其是天气干燥或者开空调时，泥中的水分会快速流失。在使用银黏土创作的过程中，除了手中操作的部分，剩下的泥也需要放置在湿润的环境中，反复将银黏土装入密封袋会比较麻烦，可如右图这样，在泥下放置一张湿巾，湿巾不要与泥直接接触（湿巾与泥直接接触会使泥变稀，不利于塑形），中间可以隔一小塑料片，再用玻璃盖罩住，既能保持银黏土的湿润，也方便制作过程中取用。

长期不使用的银黏土，需密封好，放置于有保湿纸的袋内，勿接触空气。推荐冰箱保鲜，远离散热设备，避免阳光照射。

3 银黏土创作的常用工具

◎ **陶瓷戒指芯**

有不同的直径，将戒指套在戒指芯上烧结，可避免内径缩水，保证银黏土戒指尺寸准确。

◎ **离芯纸、便笺纸**

烧结银黏土戒指时，需在戒指芯外包裹离芯纸，烧结完成后便于轻松取下戒指。

◎ **亚克力搓泥板**

用于搓泥，可轻松将泥搓成均匀的长条。

◎ **红蜡片**

这是一种用于牙科的材料，用热风机加热，或置于热水中会变软，可以用手直接捏制出各种形状，在银黏土的塑形过程中常常作为支撑、填充材料使用。

◎ **擀泥杖**

有不同的材质，可将泥条擀长。

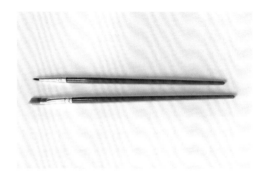

◎ **笔刷**

银黏土制作过程中需要用笔刷蘸水刷于黏土上保持湿润，也可用于塑造肌理，是必备的制作工具。使用普通的美术用尼龙笔刷即可。

◎ **泥塑刀**

银黏土的加工特性与黏土相似，常常使用泥塑刀来塑形。

◎ **笔刀**

用于银黏土的雕刻。

◎ **尖针**

用于银黏土的塑形、雕刻。

◎ **球头笔**

用于制作肌理。

◎ **储泥罐**

制作结束时，用于收集泥屑、泥粉。

4 银黏土的干燥方法

银黏土烧结前需要先低温充分干燥，可以自然风干，但是需要较长时间，可以借助烤箱、电吹风、电子恒温垫等加快干燥时间。

以下是不同干燥方法需要的时间，具体时间应根据作品实际大小调整。

常温干燥： 一般需24小时以上。

烤箱干燥： 将烤箱调至为100℃以下，烘干10~30分钟。

电吹风干燥： 热风10~20分钟。

电子恒温垫干燥： 10~20分钟。

5 银黏土的烧结方法

银黏土塑形、干燥完成后，需要进行烧结，烧掉结合剂，留下银料，得到最终的成品。一般来说，会采取液化气炉灶、酒精窑炉、电窑、火枪等作为烧结工具。

（1）液化气烧结

可以用普通液化气炉灶进行烧结。将方形烧制网置于炉灶上方，将铁丝网烧红，银黏土作品放置到烧制网最亮的位置，盖上网罩保持10分钟，大型作品可适当延长时间。

（2）酒精窑炉烧结

酒精窑炉需要放在加水的不锈钢盆内或陶瓷盆内使用，一般来说，小件的银黏土作品使用2块50g的圆形固体酒精就可以烧结完毕了。禁止使用液体酒精。酒精窑炉的热量高度范围为2米，严禁放在油烟机下面使用，也不要在热量范围内放易燃物品，注意用火安全。

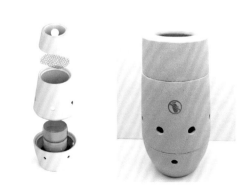

（3）电窑烧结

电窑炉可以精确地控制温度，烧结成功率高。银泥的烧结温度为850℃，烧制5分钟即可。使用时请详细参照窑炉使用说明。

（4）火枪烧结

使用火枪烧结时，火焰温度不要太高，需要控制在961℃内，并注意不要因为局部升温过快而导致作品熔化。烧结时能明显地看到作品在整体缩小，停止缩小时烧结就完成了，时间大概是3～5分钟。

烧结时的注意事项

· **收缩：** 作品烧结后重量会减少10%左右，尺寸会收缩15%左右，因此在造型时，尺寸需要大于设计尺寸1.15倍左右。当银黏土加水较多，或者较厚重时，收缩比会变大。

· **设计制作：** 由于黏土独有的特性，不能制作过薄、过细、过长的产品。因为银黏土是粉末的结合，烧结后来回弯曲容易折断，所以不能制作开口戒指。整圈戒指也最好厚度≥2mm，宽度≥4mm，会比较结实。

· **银黏土表面干裂：** 如果银黏土表面干裂，可用毛笔在表面刷水，等待一会儿，让水分慢慢渗入到材料内部后再进行操作。

· **干燥：** 银黏土烧结前需要低温充分干燥。烘干温度不得超过100℃，否则会出现鼓泡、龟裂、变形等现象。

· **通风：** 烧结时，会产生一种类似烧纸味道的气体，为了防止缺氧，要打开门窗，保持房间内空气的充分流通。

· **烧结温度：** 烧结温度需控制在961℃内，以免作品熔化。

扫一扫，观看制作视频

制作步骤

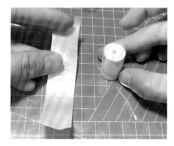

1 挑选合适尺寸的陶瓷戒指芯。

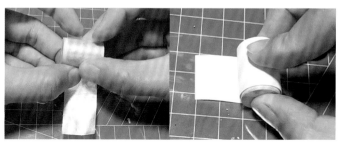

2 陶瓷戒指芯外先包裹一层离芯纸，再包裹一层笺纸。

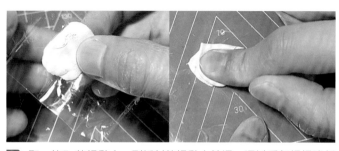

3 取一块5g的银黏土，刚拆封的银黏土较湿，通过反复揉捏降低银黏土的湿度，直至柔软、不开裂，且不粘手不粘桌面。

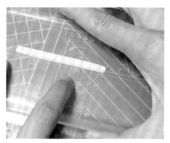

4 用搓泥板将银黏土左右来回搓至约7cm的长条，并压扁变宽。

5 用笔刷在戒指芯便笺纸表面轻轻刷一层水湿润便笺纸。

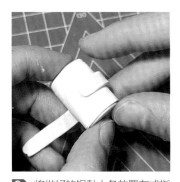

6 将做好的银黏土条放置在戒指芯表面,慢慢围圈闭合。

7 接口位置倾斜笔刀切去多余的土,增大黏合面积。

8 笔刷蘸水湿润切口处,增加黏性。

9 将银黏土条另一端搭在切口一端上面,压实,动作要轻。

10 用笔刀切去多余的银黏土。

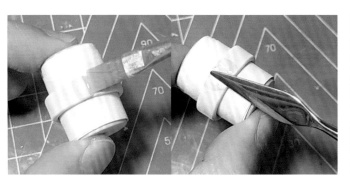

11 接口处,再次用笔刷蘸水湿润,用泥塑刀将接口抹平。

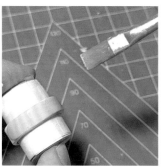

12 戒指表面整圈抹水,保持湿润。

提示

石头的腰线（从石头顶面往下看到的最外边缘线）一定要按压至土中，黏土卡住腰线位置，石头就不会掉落。

13▶ 将准备好的锆石放置在合适的位置，按压至土中。

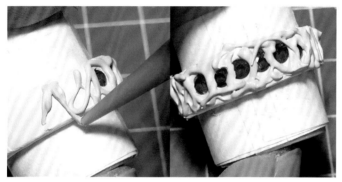

14▶ 用针管添加黏土，制作肌理的同时压住宝石边缘，让锆石更加牢固。

15▶ 烘干银黏土的水分，用尖针修整宝石边缘，确保宝石不被银黏土遮住太多。

16▶ 继续使用银黏土针管制作戒指边缘的肌理。

17▶ 连同戒芯整个放置于电子恒温烘干器上，烘干水分。

18▶ 将制作好的戒指与便笺纸分离，观察戒指内圈是否平整，若不平整用砂纸打磨。

19 将戒指再次套入裹有离芯纸的陶瓷戒芯，然后进行烧结。

20 表面的自然肌理不打磨，保留亚光白色，戒指内圈用600目的砂纸卷打磨，方法与打磨普通银饰的方法一致。

21 用布轮抛光戒指内圈，使戒指内圈呈现出镜面质感。

22 清洗干净之后就完成了。

扫一扫，观看制作视频

制作步骤

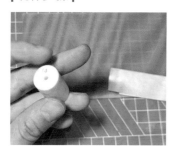

1 选择合适的陶瓷戒指芯。

2 将陶瓷戒指芯裹上离芯纸，放旁边待用。

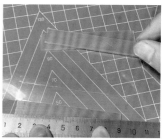

3 切出两块1厘米宽的红蜡片。

4 用热风枪低风速加热蜡片，蜡片将随着温度的上升而变软。

5 对折蜡片，然后卷起来。

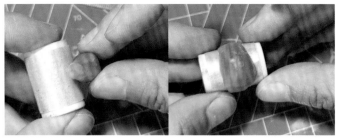

6 ▶ 将蜡捏制成中间粗、两端细的椭圆形，放于戒指芯上，过程中需要多次用热风枪加热以保持蜡体的可塑性。

7 ▶ 用笔刀修形，使其左右对称。制作好蜡模后放旁边待用。

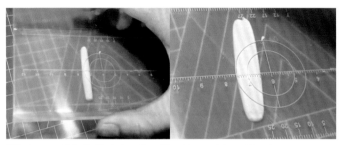

8 ▶ 打开一袋新的银黏土，将泥搓至约5厘米长，并压扁。

9 ▶ 使用擀泥棒将泥碾成薄片，薄片大小可以将蜡包裹住即可，注意泥片要厚薄均匀。

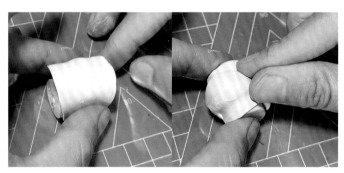

10 ▶ 将泥片轻轻放置于蜡表面，用指面按压，将蜡完全包裹住。

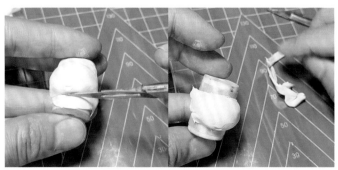

11 ▶ 用笔刀切除多余的银黏土。

12 ▶ 将切下的银黏土重新揉搓成条，压扁做成戒圈，围在戒指芯外。

13 在接口处刷水。

14 用泥塑刀将接口抹平。对于凹陷处，可添加银黏土填充。

15 用笔刀切除多余的银黏土，调整戒指宽度。

16 添水湿润，调整整个戒面的平整度。

17 将戒指连同戒指芯一起放置于电子恒温烘干器上烘干水分。

18 烘干之后用笔刀刮削，去除凸起的小点，再用砂纸整体打磨光滑。

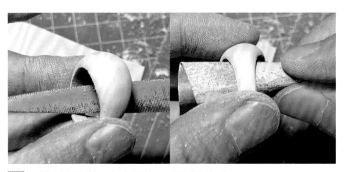

19 戒指内圈用锉刀打磨平整，再用砂纸打磨。

20 戒指内侧残留的红蜡不用取出，烧结时会自然烧熔后流出。

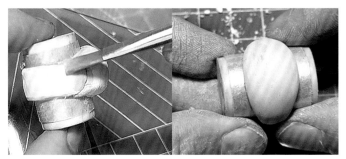 

21 ▶ 重新套入裹有离芯纸的陶瓷戒指芯，准备烧结。

22 ▶ 用火枪烧结3分钟。

23 ▶ 取下陶瓷戒芯。

24 ▶ 用砂纸卷整体打磨。

完成

25 ▶ 戒指表面用打砂头制作磨砂质感。

扫一扫，观看制作视频

| 制作步骤 |

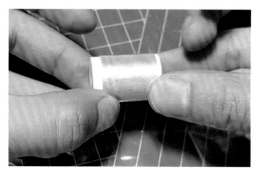

1️⃣ 选择合适的陶瓷戒指芯，裹上离芯纸。

2️⃣ 切一块红蜡片，用热风枪加热，使其变柔软。

3️⃣ 将变软的蜡片反复对折，捏实，置于戒指芯表面。

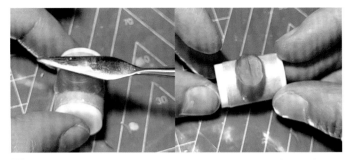
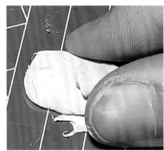

4 借助泥塑刀、手指，将红蜡捏制出一个台面，过程中需要多次用热风枪加热以保持蜡体的可塑性。

5 揉泥，降低水含量，使其保持银泥柔软的同时不粘手、不粘桌面。

6 将泥块搓制成条，压扁，再用擀泥杖碾成薄片，注意厚薄均匀。

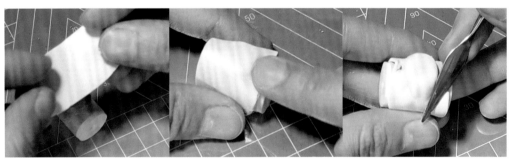

7 将泥片轻轻放置在蜡表面，用手指轻轻压实，将蜡完全包裹住。

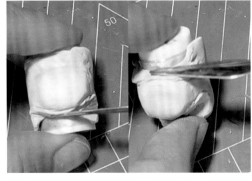
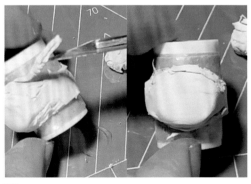

8 用泥塑刀将两边的银黏土推向中间，增加戒体的厚度。

9 用笔刀切去多余的银黏土。

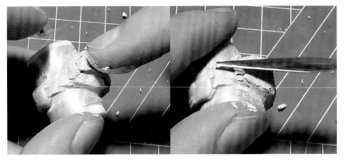 

10 将切下来的银黏土揉搓成条用于制作戒圈，凹陷处可以填充银黏土，然后用泥塑刀抹平。

11 刷水保持银黏土的湿润，继续塑形，直至得到满意的造型。

12 将戒指连同戒指芯放在电子恒温烘干器上烘干。

13 烘干后使用锉刀修整戒指的形状，侧面不平整的地方也可以用锉刀修锉。

14 用笔刀刮削，进一步精细地调整形状。

15 不小心多磨去了一些，导致套进戒指圈后有空隙，可以在空隙处刷水后填充银黏土。

16 用泥塑刀抹平。

17 再次烘干，然后用铅笔在戒指上画出想要雕刻的图案。

18 用珠宝微镶工艺常用的小号球针或飞碟针，配合牙机、吊磨机进行雕刻。雕刻时手要稳，让转动的球针轻轻接触戒指表面，即可挖出小槽。

19 完成雕刻的戒指套回裹有离芯纸的陶瓷戒指芯上，然后进行烧结。

20 烧结完成，取出陶瓷戒指芯。

21 用600目砂纸卷进行整体打磨。

22 放入加热的硫磺皂液中，整体做旧。

23 使用布轮对进行镜面抛光。

24 清洗干净之后就完成了。

制作步骤

1 准备一块银黏土进行干燥，图中这块完成干燥的银黏土重量为8g。

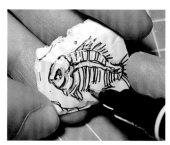

2 用记号笔画出鱼化石的外轮廓。

3 用笔刀大致雕刻出高低位置，去除多余的泥，塑造大形。

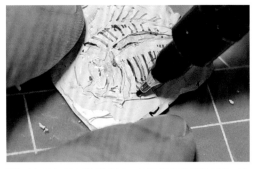

4 ▶ 继续初步刻画鱼身体的体积感，将鱼头、鱼脊、鱼骨、鱼尾等几部分的大体积雕刻出来。

5 ▶ 接下来刻画鱼骨细节，可以用记号笔再描一次鱼骨的参考线。

6 ▶ 用尖针细致地刻画鱼骨，刮除不要的泥。

7 ▶ 塑造吊坠边缘，用笔刀削去多余的泥，使其更像一颗风化的石头。

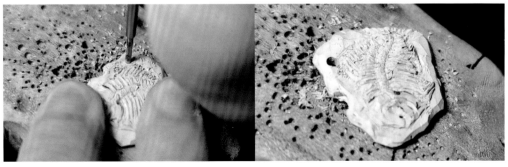

8 ▶ 用钻头打孔，银黏土质地软，钻头非常容易打入，同时也很容易打歪，需要注意保持钻针垂直且稳定。

9 用火枪灼烧，看到黏土变白、微微发粉之后，控制好温度，再保持3分钟，使银粉末烧结在一起，切勿将银黏土烧熔化。

10 放进加热的硫磺皂液中浸泡做旧。

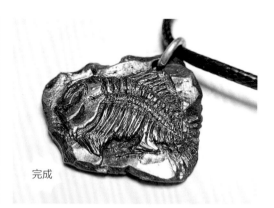

完成

11 用钢丝刷抛光。

扫一扫，观看制作视频

│制作步骤│

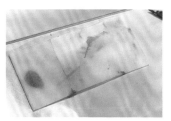

1▶ 打开一袋5g的银黏土，揉搓，制作一个宽度2厘米、厚度2mm 左右的椭圆片，烘干待用。

2▶ 剩下的银黏土用湿巾盖住，保持水分。

3▶ 取一块银黏土，用搓泥板制作成约3mm粗的泥条，用笔刀切出一小块。用手指将切下来的小泥条搓得更细，用笔刀切成两份，用来制作最中间的小花瓣。玫瑰花的花瓣越靠里越小。

4 用手指压扁泥条，形成小片。

5 将一个小泥片卷起来，成为玫瑰花的花心（最小的花瓣）。

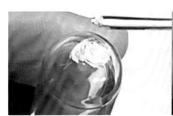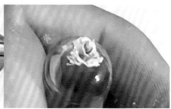

6 为了方便操作，找一支试管（也可以是笔套），在试管底部涂抹一点糊状的修补银黏土，将花心放上去黏合住。

7 剩余的小泥片制作第二个花瓣，将花心包裹住，调整花瓣的造型，这个过程中需要经常刷水保持银黏土的湿润，防止开裂。

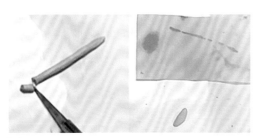

8 切下稍微大一点的一段泥条制作第三个花瓣，剩余泥条继续用湿巾盖住。

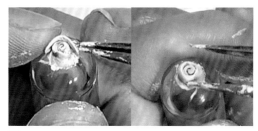

9 摆放第三片花瓣，将前两片花瓣包裹住，过程中需要刷水保持湿润，并刷修补银黏土作为黏合剂，确保花瓣不会散开。

10 继续制作花瓣，直至完成整朵花，玫瑰花花瓣是向外翻的感觉，需要用手指轻微地塑形。

11 花瓣松散的地方可以用尖针蘸水，将其湿润，然后调整塑形。

12 玫瑰花完成后，用热风枪烘干，再用笔刀将其从试管取下。

13 取一小块银黏土制作玫瑰花的叶子，用擀泥杖将其碾成片。用笔刀切成树叶的形状。

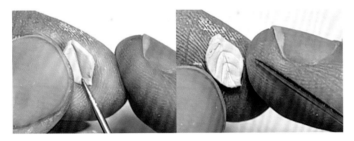

14 用尖针划出叶脉。

15 制作两片叶子，用热风枪烘干。

16 取新泥搓至2mm粗的泥条作为玫瑰花的花茎。制作一个大小合适的薄片作为底托，将花朵、花茎、叶子拼合在底托上，去除花茎过长的部分。整体烘干。

17 制作吊坠的扣头，并烘干。

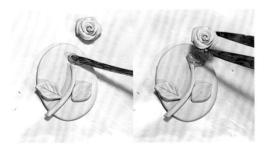

18 所有零件已完成，下面开始组装。在需要黏合的位置，添水湿润，再添加修补银黏土黏合。先黏合花朵。

19 花茎的背面用笔刷添水湿润，再涂抹修补银黏土增加黏合性，黏合花茎。在黏合形成的缝隙刷水，然后用笔刷挑取修补银黏土涂刷。

20 用尖针将多余的泥刮去，保持平整。

21 接下来黏合叶子，在叶子背面用笔刷湿润，再涂抹修补银黏土增加黏合性，将叶片粘在底托上。在黏合形成的缝隙刷水，然后用笔刷取修补银黏土涂刷。

22 将叶片背面的空隙填充针管银黏土，再用钢针笔涂抹均匀。

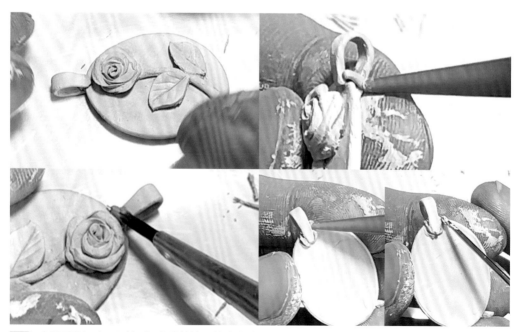

23 安装吊坠扣头。用笔刷湿润连接处，并涂抹针管银黏土使连接处更加牢固。

24▶ 用热风枪彻底烘干水分。

25▶ 用砂纸打磨细节。

26▶ 用火枪烧结。

27▶ 烧结好后，放入加热的硫磺皂液中整体做旧。

28▶ 用布轮抛光。

完成

扫一扫，观看制作视频

| 制作步骤 |

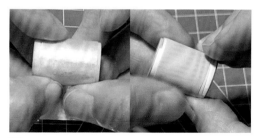

1 选取合适的陶瓷戒指芯，外围裹一层离芯纸，再裹一层便笺纸。

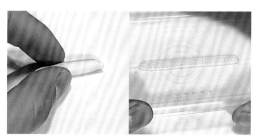

2 将银黏土搓成7厘米长的长条，压扁。

3 用笔刀将泥条边缘裁切整齐。

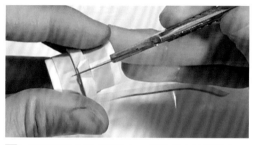

4 将泥条围合至戒指芯上，切除多余的银黏土。

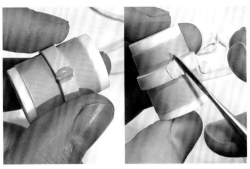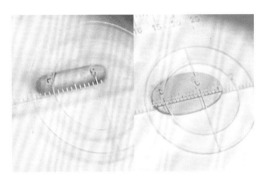

5 ▶ 笔刷湿润接口，泥塑刀抹平接口，连同戒指圈 烘干待用。

6 ▶ 将刚才切下的泥揉成长条，压扁。

7 ▶ 使用桃心形状的空心錾子，在泥片上压出桃心轮廓。

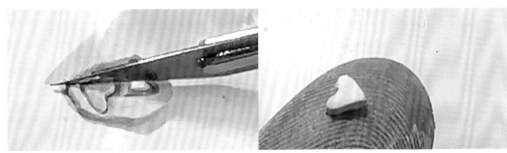

8 ▶ 用笔刀沿轮廓切下桃心。做好的桃心放一边自然干燥，由于体积小，干燥的速度很快。

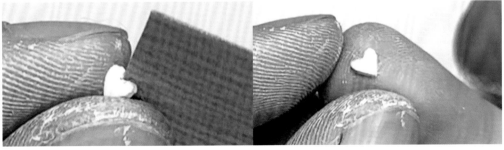

9 ▶ 干燥后的桃心，用砂纸打磨细节。

10 用砂纸打磨干燥好的戒指圈。

11 用针管银黏土将桃心黏合到戒圈上。每黏合好一两个桃心就用热风枪烘干固定。

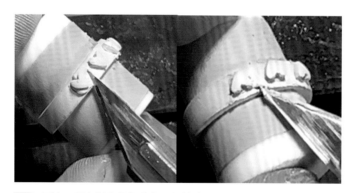

12 用笔刀刮去溢出的银黏土，保持戒面平整。

13 用笔刷进一步清理桃心连接处。

14 烘干之后，继续用砂纸修整戒面，并打磨戒指圈内侧和两侧，使其平整。

15 打磨好后将戒指套入戒指芯用喷枪烧结。

16 放入加热的硫磺皂液中做黑。

17 用布轮抛光桃心。

提示

烧结时如果没有裹离芯纸，导致戒指与戒芯难以分离，可以使用下面的方法：用两个木块挂住戒指，用木棍向下敲击戒指芯，将两者分离。

18 清洗之后就完成了。

扫一扫，观看制作视频

| 制作步骤 |

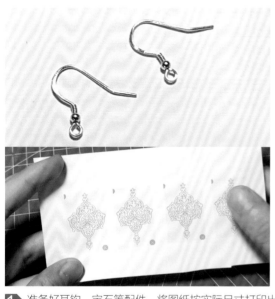

1 准备好耳钩、宝石等配件，将图纸按实际尺寸打印出来。

2 ▶ 在图纸上铺盖一张透明塑料纸，使用针管银黏土直接在塑料纸上面描绘图案线条。

3 ▶ 描绘完成后用热风枪烘干。

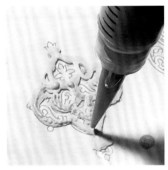  

4 ▶ 再描绘一遍，可以用点涂法，将银黏土堆得更厚。

5 ▶ 用热风枪烘干。

6 ▶ 用笔刀将干燥的银黏土从塑料纸上剥离下来。

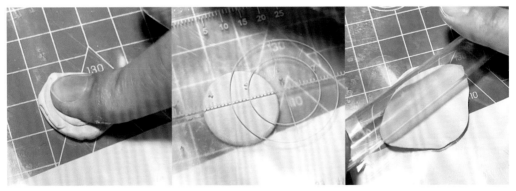

7 ▶ 取出一块新的银黏土揉搓、按压，碾成足够大的泥片。

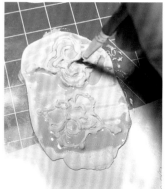

8 ▶ 刷水湿润。

9 ▶ 将制作好的两个镂空图案放置于泥片上。

10 ▶ 将图案和泥片精密黏合。

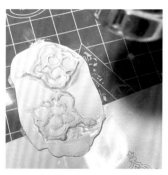

11 ▶ 用热风枪烘干。

12 ▶ 用笔刀沿轮廓切下两个耳坠。

13 ▶ 放置心形宝石，并用针管银黏土制作宝石镶口。

14 ▶ 烘干后用笔刀修整镶口。

15 用笔刀切出一些黏土细丝,用于制作纹理。

16 切好的黏土丝放在湿巾上,并用玻璃罩盖住,保持水分。

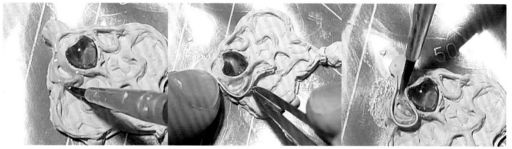

17 在需要添加黏土丝的位置刷水湿润,再借住镊子将黏土丝放置其上,调整弧度,空隙处需要填充黏土,使其黏合得更加牢固。

18 耳坠底部埋入一颗绿色锆石增加美观度。注意黏土要覆盖住锆石的腰线,只露出锆石台面。然后再次烘干。

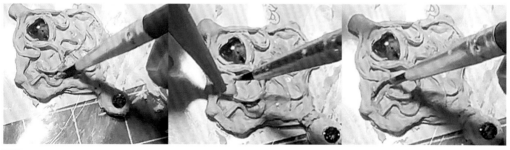

19 在缝隙处涂抹针管银黏土,借助笔刷抹进缝隙,帮助黏合。

20 让银黏土埋住锆石腰线。

21 在如图位置用钻头打孔，用来安装耳钩。

22 下面要进行烧结，红宝石不能灼烧，需要取出。

23 石膏粉加水调成膏状，将膏状石膏填入镶口，代替宝石烧结。填入石膏占位能保证烧结时镶口不缩水。

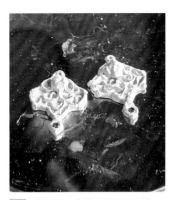

24 用电子恒温烘干器烘干水分。

25 用喷枪烧结。

26 取出石膏，清洁镶口。

如果镶口还是有点缩水变小，可以使用这种珠宝镶嵌工艺中常用的牙针打磨扩大镶口。

27 使用砂纸卷打磨边缘。

28 用布轮抛光，将凸起的位置抛亮，与凹入部分的亚光白形成对比。

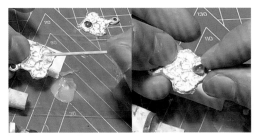

29 清洗干净之后，调和AB珠宝胶固定红宝石。

30 安装耳钩。

完成

┃制作步骤┃

1▶ 锯一节绿蜡管，用锉刀修整截面。

> **提示**
>
> 　　绿蜡是制作首饰雕蜡的必备材料，与前面案例中用到的红蜡不同，红蜡被称为软蜡，主要造型方法是加热之后的"捏制"，绿蜡被称为硬蜡，可以使用锯、锉等方法切削造型。锯蜡不使用金工锯条，而使用麻花锯条。

2 绿蜡管的内径很小，需要用蜡管刀扩大。

提示

　　银黏土戒指在烧结的过程中会缩水，所以戒指号需要做大2号左右。

3 手心一侧的戒指圈宽度要窄一些，用记号笔在戒圈上划线标记位置，然后用锉刀锉去不要的部分。

4 将戒指的外形修整成想要的弧度。

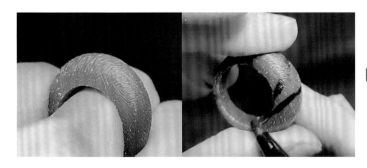

5 戴上戒指，感受一下握拳时的舒适度，如果感觉戒壁太厚就需要继续磨薄。根据设计在绿蜡上用记号笔画出要填充银黏土的位置。

6▷ 用球针在蜡表面的标记处挖槽，深度为1.5mm左右。球针是珠宝微镶工艺中常用的一种车针。也可以用锯丝锯出小槽。

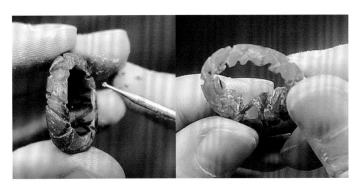

7▷ 戒指内侧用小号球针挖槽，内侧的槽可以挖深一些，填入更多的银黏土会比较结实。

8▷ 填好所有空隙后，刷水湿润，让整体更加平整。

9▷ 将银黏土搓成小细条，填入蜡表面挖好的槽内。可以用小尖针辅助，比较深的槽需要多塞入一些银黏土。

10 烘干之后用锉刀打磨，去除多余的银黏土。锉完银黏土的锉刀需要及时用钢丝刷清洁，否则银黏土会黏附在锉刀上不容易清理。

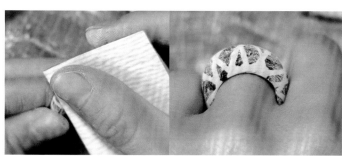

11 再用砂纸更细致地打磨。

12 准备烧结。铁网下面放一个盘子，用于接住加热时熔化的蜡。用火枪加热熔化绿蜡。烧到银黏土变白发粉后，火焰要不时地移动位置，观察颜色变化，大约保持粉色两分半钟即可结束烧结。

13 用砂纸卷抛光，将锋利的地方打磨圆滑。

完成

扫一扫，观看制作视频

|制作步骤|

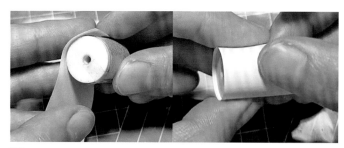

1 挑选合适的陶瓷戒指芯，外面先裹一层离芯纸，再裹一层便笺纸。

2 对新打开的银黏土进行揉泥，降低水分，调整到适当的软硬度。

3 将泥块擀成宽度1.2cm的泥条，切齐长边。

4 在泥条表面刷水湿润。

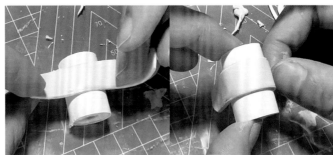

5 将泥条湿润的一面朝里，围合在戒指芯上。

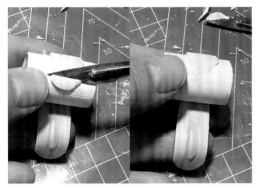

6 接口处切出一个斜坡面，增大黏合面积。

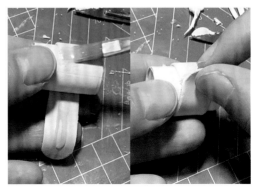

7 接口处刷水湿润，将泥条两端闭合。

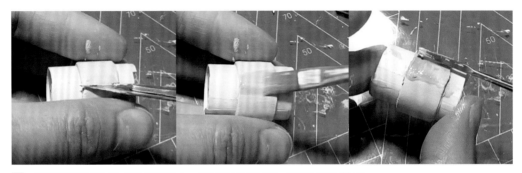

8 用笔刀切除接口处多余的银黏土。接口处刷水湿润，并用泥塑刀抹平。

9 ▶ 放置上宝石，用针管银黏土制作宝石镶口，并用泥塑刀修整镶口。

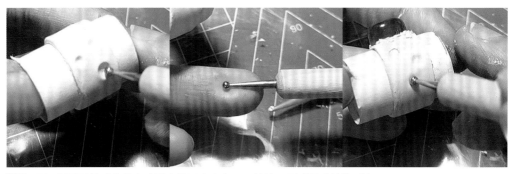

10 ▶ 用不同型号的球头笔在戒圈上按压出大小不一的坑，形成月球坑的形态。

11 ▶ 用热风枪整体烘干。

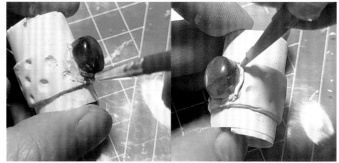

12 ▶ 镶口处用小笔刷添水湿润，继续添加针管银黏土，每添加一些就用热风枪烘干一次，直至镶口完成。

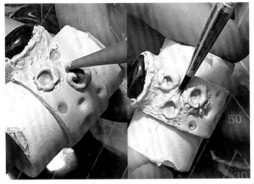

13 接下来进一步塑造月球坑，在坑周围添加针管银黏土，再用小笔刷塑形，让坑的边缘鼓起，并向周围形成缓坡。

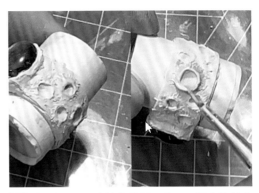

14 每做好两三个坑就烘干一次，不满意的地方可以继续添加银黏土，直至达到满意的效果。

15 整体烘干。

16 用大号球针雕刻戒指边缘，小号球针雕刻戒指表面肌理。

17 将戒指取下，用砂纸打磨戒指内圈，使其平整。

18 再次将戒指套在陶瓷戒指芯上。将宝石取下，调和黄石膏粉，填充在镶口中代替宝石烧结。

19 连同陶瓷戒指芯放置于电子恒温烘干器上烘干。

20 用镊子清洁镶口。

21 用火枪烧结。

22 放入加热的硫磺皂液中做旧。

23 烧结完成后趁热放入凉水中，石膏遇冷水热胀冷缩就会很容易脱落。

24 用布轮抛光戒指内圈，使其呈现镜面质感。

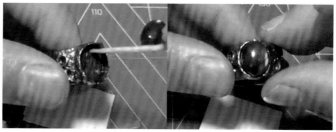

25 清洗干净之后，调和AB珠宝胶固定宝石。

完成

扫一扫，观看制作视频

| 制作步骤 |

1 取一个大小合适的人脸硅胶模具和一块5g的银黏土。模具中刷一层润滑油（也可涂抹脱模膏），有利用后期脱模。注意润滑油的用量要特别少，多了会影响银黏土的干燥与印压效果。

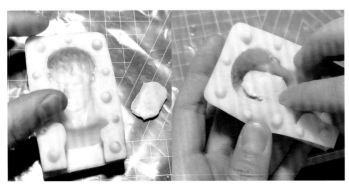

2 将银黏土放在模具中需要印压的位置。

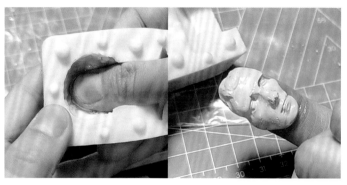

3 用大拇指施加压力按压银黏土，停留10秒钟左右。左图1-2是按压完成之后的样子。

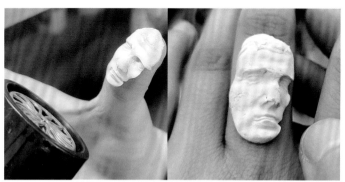

4 此时银黏土还比较软，容易变形，可以将其留在手指上，用热风枪稍微吹一下，稍硬化后再取下彻底烘干。左图1-2是彻底烘干后的样子，用来制作戒指或吊坠都很有趣和独特。

5 用火枪加热，烧到银黏土变白发粉后，火焰要不时地移动位置，观察颜色变化，大约保持粉色两分半钟即可结束烧结。

提示

烧结厚薄不均匀的物件时尤其需要注意温度的控制，因为薄的地方很容易被烧化，不同厚度的地方需要不同的烧结时间。

6 用布轮抛光，完成。

扫一扫，观看制作视频

制作步骤

1 准备人脸模具，用手指在模具里涂抹专业的脱模膏。

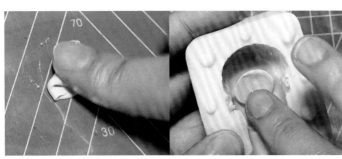

2 将一小块银黏土揉搓至合适的软硬度。将泥按压在眉、眼、鼻这一区域。

3 ▶ 先用热风枪烘干表面，等银黏土稍微定型再脱模。

4 ▶ 擀出合适长度的泥条，然后刷水湿润。

5 ▶ 此时银黏土还未完全干透，将其放在陶瓷戒指芯上调整弯曲度。再用热风枪烘干，放旁边待用。

6 ▶ 将泥条围合在裹好便笺纸的戒指芯上，湿润的一面朝里。

7 ▶ 用笔刀斜着切去多余的黏土，增大黏合面积。

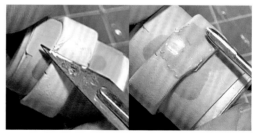

8 ▶ 裁切掉多余的银黏土后用泥塑刀抹平。

9 ▶ 接口处刷水湿润，然后闭合泥条。

10 ▶ 泥脸过于整齐，用剪钳对边缘进行一些破坏，制造破碎感。

11 ▶ 接下来要将泥脸和戒圈组合在一起。确定好泥脸的位置后，先拿开泥脸，在泥脸位置的戒指圈上补充银黏土。

12 ▶ 放上泥脸，用针管银黏土填充缝隙，将泥脸与戒指圈黏合在一起。

13 ▶ 用热风枪烘干。

14 ▶ 取一块新的银黏土，搓制成粗约2mm的泥条，切成若干段，每段大概2cm。将这些小泥条放在湿巾上，注意湿巾不要太湿，防止银泥条变形。上面盖一个玻璃罩保湿。这些小泥条是用来制作小蛇的。

 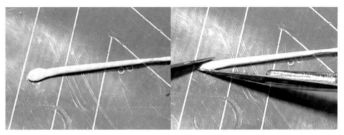

15 ▶ 取出一根泥条，用手指揉
搓后半段，形成由粗到细
渐变的蛇身形状。

16 ▶ 蛇头的制作方法是先用手指压扁粗的一端，然后再用笔刀和泥
塑刀精细地塑形。

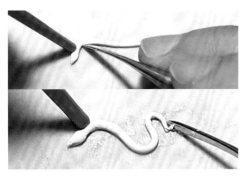 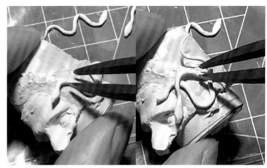

17 ▶ 下面制作蛇体弯曲的样子。在小蛇下面放
一张湿巾，因为细小的泥条操作时水分会
很快流失而形成开裂。用笔、镊子等协助
制作出弯曲的蛇形。

18 ▶ 制作更多的蛇，弯曲的形状要有所不同。将所
有小蛇烘干，一条条地与头黏合。

19 ▶ 黏合的过程中需要刷水湿润，并涂抹针管银黏土作为黏合剂。

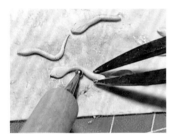 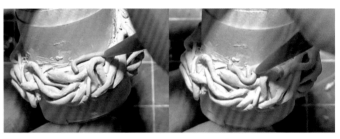

20 ▶ 再做一些半身蛇，加上空隙
处，制作出蛇的缠绕感。

21 ▶ 如果是自己调和的针管银黏土，也可以直接挤出泥条充当缠绕
的蛇身体。

22 小蛇粘合完成后，整体放在电子恒温烘干器上烘干，美杜莎蛇戒造型就完成了。

23 用球针更加细致地雕刻蛇头。

24 取下便笺纸，用砂纸打磨戒指内圈，使其平整。

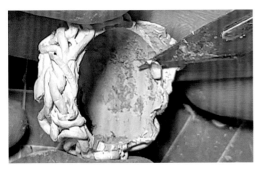

25 用笔刀修整边缘。

26 将蛇戒套在裹有离芯纸的陶瓷戒指芯上一起烧结。

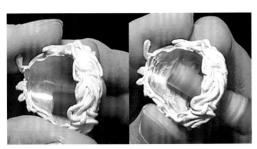

27 用600目砂纸卷打磨戒指内圈。

28 将蛇戒放入加热的硫磺皂液做黑。

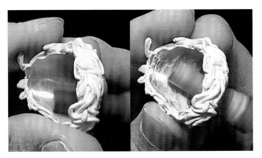

29 用布轮抛光。

清洗后完成

扫一扫，观看制作视频

| 制作步骤 |

1 切出两块红蜡片，用热风枪加热软化。

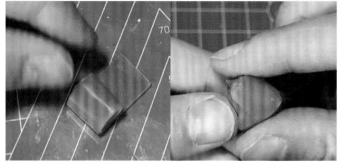

2 将蜡条卷实，捏实。

3️⃣ 借助窝作将蜡制作成圆球，过程中需要不断用热风枪多次加温。

4️⃣ 牙签穿过蜡球中轴。

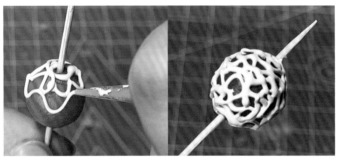

5️⃣ 用针管银黏土在球表面制作花纹，花纹可根据自己的喜好随意绘制。

6️⃣ 长时间用热风枪吹容易将蜡吹软导致银黏土变形，可以用热风枪烘干一些后再自然干燥一天。

7️⃣ 银黏土完全干燥后取下牙签进行烧结，烧结过程中蜡会流走留下纯银，注意不要将球体烧化。

8️⃣ 一共做出4个空心球，下面用这4个空心球搭配不同的配件制作出两对不同的耳饰。

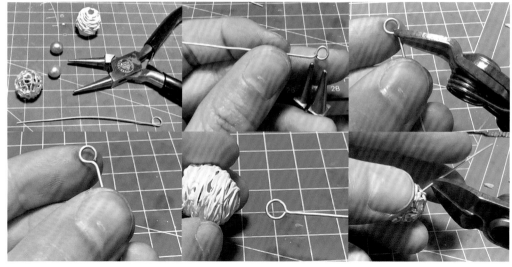

9 第一对耳饰与珍珠搭配。用0.7mm粗的银线制作两根9字针，9字针的圈的大小要能穿过空心球顶部的洞。

10 焊接9字针的圈口

11 9字针放入球中后，用一个银环扣住，这个环的大小要大于空心球顶部的洞，这个银环也用于挂耳钩。（上右图为了展示得更清楚没有加上空心球。）

12 对银环接口进行焊接。

13 酸洗、抛光，凸起的位置是亮光质感的，凹进去的位置保持亚光白色。

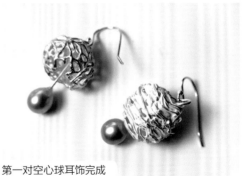

第一对空心球耳饰完成

14 在银球下面粘上一粒珍珠，再安装耳钩。

15 下面制作第二对耳饰。在银球上套一个小圆银环并焊接好接口。

16 用小刷子清洗掉抛光蜡。

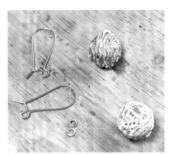

17 给第二对耳饰搭配形式特别的耳钩，呈现出另外一种感觉。

18 抛光、清洗之后安装耳钩。

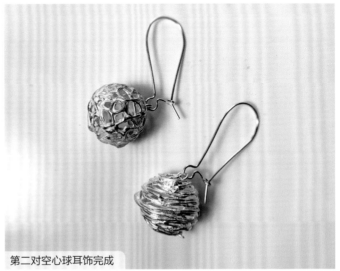

第二对空心球耳饰完成

第4章

手工银饰技法全书

金工·银黏土

金工银饰
入门实例

扫一扫，观看制作视频

材料： 银条、高温银焊药、助焊剂

工具： 焊台、明矾、明矾碗、戒指棒、戒指圈、胶锤、剪钳、焊夹、镊子、小号笔刷、火枪、砂纸卷、打磨机、游标卡尺、小钢尺、计算器、锉刀

1 参考本书8、9页，计算所需的银料长度并取料。

2 对银条进行退火处理。将925银条烧至微红的状态，999银呈现雾白色。

3 以戒指棒做支撑，用胶锤敲击，将银条弯成圈。

4 用剪钳剪掉多余的银条。对于新手来说，纯银制作的戒圈直接用剪钳裁剪会比用锯弓更加高效。剪整齐很重要，这样可以节省修锉时间。

 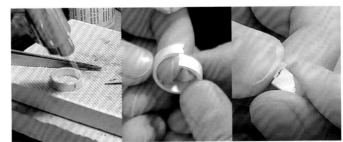

5 用锉刀锉平焊接口。焊接口对接越紧密、整齐，焊接效果越好，这一步比较费时费力，需要多花一点时间，再继续下一步的焊接。

6 对齐焊接口。银条在制成戒圈的过程中会变硬，不容易闭合，需要退火消除应力，使其变得容易调整形状。也可以如上面中间图那样，接口错位地推近，再拉开对齐，可将戒圈对紧。

7 焊接戒圈。使用反向焊夹固定戒指圈，在接口的位置涂抹助焊剂，然后均匀加热。将焊药放在戒圈内侧，加热外侧后焊药会由内侧流至外侧，将整个接口填满。焊药放在戒指圈内侧会更加美观，因为焊接口的位置时间长后难免氧化发黄。

> **提示**
>
> 完美的焊接的前提是焊接口对接得严丝合缝，焊药用量适中，不要用得太多到处流淌。

 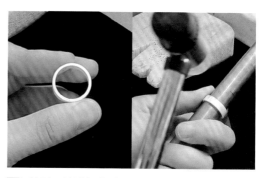

8 酸洗。明矾兑水放入明矾碗，加热碗底，清洁焊接口。煮一会儿就能明显地看到黑色的焊接口被清洗干净了。

9 整形。清洗好的戒圈套入铁制的戒指棒，用胶锤敲击戒圈，做最后的形状调整。

10 用锉刀修整形状，倒圆角，增加舒适度。

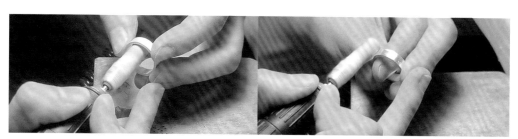

11 用砂纸卷打磨。准备400目、600目、800目砂纸卷由粗到细进行打磨。如果打磨之后还要过磁力抛光机抛光，那么砂纸打磨到600目就够了；如果是需要手工达到镜面抛光的效果，那么可以打磨到800目。

完成

扫一扫，观看制作视频

材料： 银条、高温银焊药、助焊剂、酸液

工具： 焊台、戒指棒、戒指圈、胶锤、线锯、剪钳、焊夹、镊子、三角锉、平锉、小号笔刷、火枪、砂纸卷、打磨机

1 参考上一节的方法，先制作一个基础款戒圈，图中戒圈的宽度为6mm。

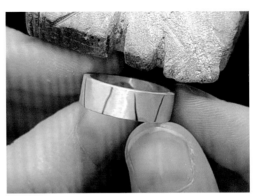

2 根据设计，用记号笔画出石头纹路。

3 用三角锉刀挫除划线的位置，制作出大的区块。

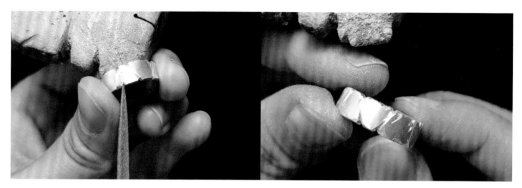

4 大区域分割好后，用同一把三角锉刀从不同的角度下刀，修锉出不规则的边缘。然后用砂纸卷把不光滑的地方打磨圆滑，让戒指佩戴时更为舒适。

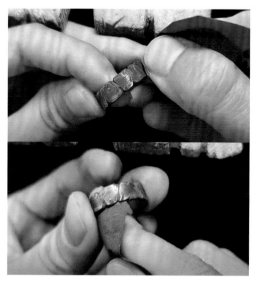

5 用硫磺皂做旧，然后用砂纸打磨掉一部分黑色，增加颜色的层次感。

6 进行磁力抛光，完成。

第 3 节　　**贴金肌理凹戒**

⊜ **材料：** 银条（6mm 宽 × 70 mm 长 × 1.5 mm 厚）、金箔、高温银焊药、助焊剂、酸液

⊜ **工具：** 戒指棒、戒指圈、胶锤、坑铁、窝作、肌理錾、锉刀、砂纸卷、打磨机、焊台、固定铁
丝、方铁、小号笔刷、镊子、压光笔、磁力抛光机

1 先用铁丝将银条固定在蜂窝焊砖上，准备
贴金。

2 用剪刀将金箔裁剪成窄条，对于新手来说，窄
条更容易贴牢。

3 在银条上先刷一层水，再刷一层助焊剂。

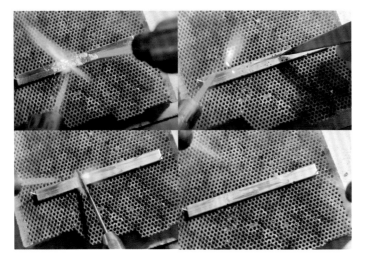

提示

　　贴金的原理是使金箔微微熔于银表面，需要较高的温度，若贴金失败，大多数情况下都是温度不够导致的。一片金箔贴牢固之后继续贴下一片，过程中可多次添加助焊剂，直至贴完。

4 开始贴金。贴金具体过程是：将银条加热到800度以上使其表面微微熔化，将金箔放置在银表面，金箔遇热会变软，这时就可以用镊子刮平金箔。贴金过程中保持火焰灼烧银料，保持银料的温度，温度太低金箔不容易贴上，注意金箔没有完全服帖于银表面之前，不可用火焰直喷金箔，因为金箔太薄，火焰直喷会导致熔化卷边。等到金箔服帖于银表面，用钛针来回刮，排除气泡，这时需同时加热金箔，使金箔微微熔化，确保贴金牢固。

5 用纸胶带将银条固定于方铁上。

6 使用肌理錾錾刻肌理，不要錾刻地太均匀，纹理要有疏密变化。

7 錾刻完肌理之后银条变硬，需要进行退火处理。

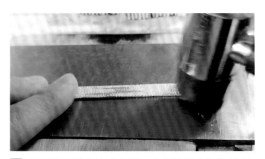

8 下面要制作银条的凹形，先用胶锤将银条敲直。

9 将银条放进坑铁里敲凹，肌理面朝上。垫一张皮垫子能避免敲击的过程中破坏肌理。

10 敲到合适的弧度后再次进行退火，再用胶锤将银条的边缘敲齐，准备弯圈。

11 以戒指棒为支撑，将银条弯成圈。

12 在戒指的接口处作好标记，用线锯锯掉多余的银料。

13 焊接口用锉刀修平整。

14 对紧接口。

15 焊接戒圈。

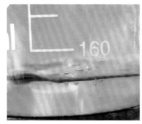
16 酸洗。

17 将戒圈套于戒指棒上调整形状。

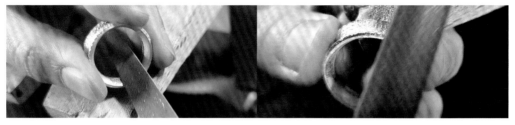
18 用锉刀修整戒圈边缘。

19 砂纸卷打磨戒圈内壁与边缘。

20 磁力抛光。

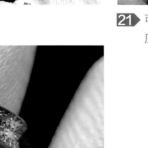
21 可用钨钢压光笔压亮边缘，增强效果，钨钢压光笔的用法与玛瑙刀一样。

22 也可将戒指做旧做黑，形成黑金效果。

⊜ **材料：** 银条（10mm宽×80 mm长×1.3 mm厚）、银耳钩、叶脉、高温银焊药、助焊剂、酸液

⊜ **工具：** 短嘴剪、锉刀、胶锤、方铁、小号笔刷、镊子、焊台、碾压机、砂纸卷、打磨机、磁力抛光机、麻花钻针

1️⃣ 对银条进行退火，软化银条。

2️⃣ 将银条压薄至0.7mm，制作耳饰的材料不宜太厚，避免成品太重。

3 再次退火软化。

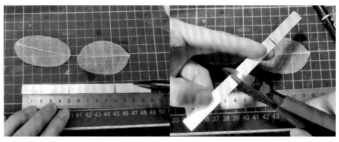

4 裁剪两段5cm长的银条。

5 银条上叠一片叶脉，一起过碾压机碾压。

6 再次退火软化。这个过程中叶脉会被烧掉只留下纹理。

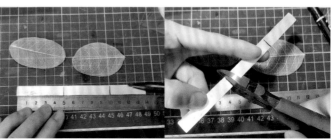

7 裁剪两段5cm长的银条。

8 在压上叶脉的银条上绘制四个叶子的外轮廓。

9 裁剪下四片叶子。

10 ▶ 用锉刀修整叶片的轮廓。

11 ▶ 用400目砂纸卷打磨叶片边缘和背面。

12 ▶ 选择1.2mm粗度的钻头为叶片打孔。

13 ▶ 用更细腻的砂纸卷再打磨一遍。

14 调整叶片弯曲的形态。

15 放入磁力抛光机抛光。

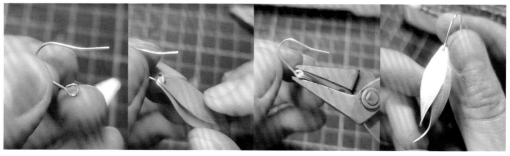

16 安装成品耳钩。

完成

树叶纹应用在戒指上

扫一扫，观看制作视频

🔘 **材料：** 925银线（0.8mm直径）、珍珠、耳针、耳堵、高温银焊药、低温银焊药、助焊剂、酸液、珠宝AB胶

🔘 **工具：** 胶锤、小号笔刷、镊子、剪钳、火枪、方铁、窝作、麻花钻针、锉刀、砂纸卷、打磨机、焊台、磁力抛光机

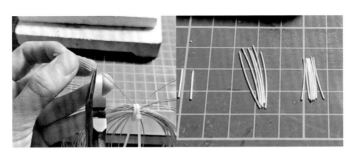

1 ▶ 剪好3cm长的银线6根，2cm长的银线7根。

2 ▶ 剪好4块约3mm见方的焊药。

3 银线一端用焊夹夹住,另外一端用火枪灼烧,让银线熔化形成球状。

4 先焊接第一层,将6根较长的球针呈放射状摆放。

5 将高温焊药烧成球状后摆放在球针中间的接触点上,继续灼烧,将球针焊接在一起。注意温度的控制,均匀并且慢慢加热,不要让温度升得太快,焊药熔化就立即关火,让焊药刚刚好熔在中间,避免到处流淌。

6 摆放第二层较短的球针。重复第5步的操作,将较短的球针焊接住。

7 使用窝冲制造一点弧度,做成烟花的造型。

8 ▶ 在中心打孔，准备焊接耳针。

9 ▶ 焊接耳针之前需要进行酸洗。

10 ▶ 在中间的小孔中插入耳针，耳针露出烟花正面3mm用于插镶珍珠，使用低温焊药焊接。

11 ▶ 打磨小球。

12 ▶ 抛光耳饰。

13 ▶ 在耳饰正面位置涂珠宝AB胶，安装珍珠，完成。

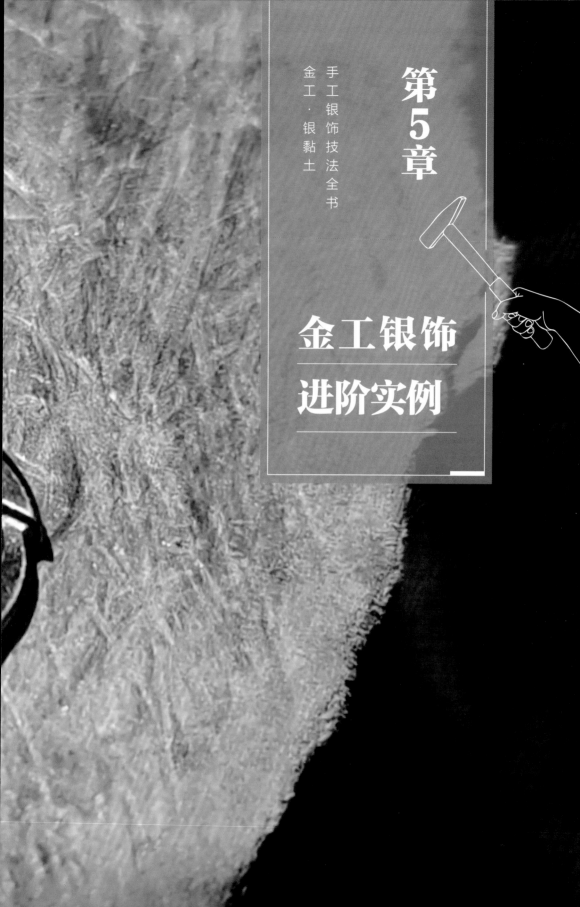

第5章

金工银饰

进阶实例

材料： 银圆线（2mm直径和一截棍）、银方线（2mm见方、4mm见方）、高温银焊药、低温银焊药、助焊剂、酸液

工具： 戒指棒、戒指圈、胶锤、方铁、小号笔刷、镊子、大锉刀、三角锉、竹叶锉、线锯、焊台、反向焊夹、砂纸卷、打磨机、磁力抛光机、火枪

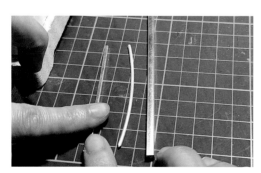

1 准备2mm直径的银圆线和2mm、4mm见方的银方线。

2 首先对2mm直径的银圆线和2mm见方的银方线进行退火。

3 将2mm方线在戒指棒合适的位置弯成圈，剪除多余的银料，焊接成闭合的戒圈。

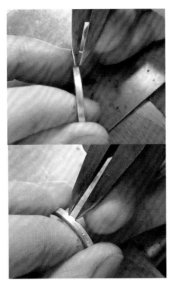

4 用圆规在戒指圈上画一圈等分上下厚度的中线，然后如上图等分出六七个2mm的长度。

5 在几条等分线处先用锯锯开口子，再用三角锉磨出更深的"∨"字形口。

6 再换成四方锉，磨出角度更大的"∨"字形口。

7 如上图所示，将"∨"字形口处上下的金属均匀磨去，逐渐接近一开始画的中线，形成尖锐的四棱锥。

8 将砂纸剪成三角形，包住小锉刀，手工打磨做好的四棱锥。

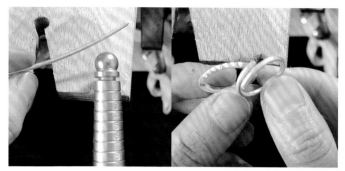 

9 下面开始做另一个戒圈。将退火后的2mm银圆线制作成同样大小的戒圈。

10 根据设计，预留出焊接四棱锥体的位置，把多余的银料用剪钳剪掉。

11 接下来要用4mm的银方线制作2个同等大小的四棱锥体。第一步是定出高度，用记号笔做记号。

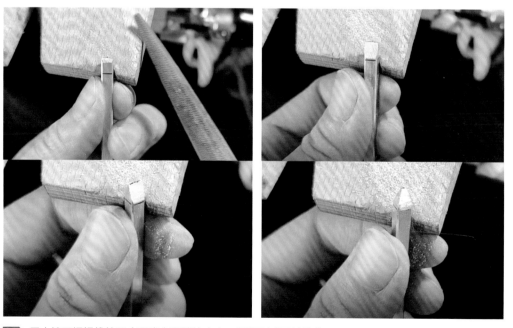

12 用大锉刀把银线的四个面磨向顶端的中心，逐渐形成四棱锥体。

13 400目砂纸卷打磨。

14 用线锯将四棱锥体切割下来。注意从四个方向往中间锯，让其断在中间，从一个方向锯很容易锯偏。

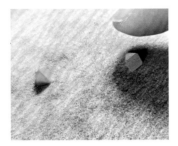

15 用砂纸将底面打磨平整。

16 使用反弹夹固定，将四棱锥体与戒圈焊接在一起。

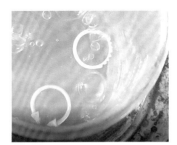

17 酸洗。

18 将两个戒圈焊接固定。

19 再酸洗一次，然后进行抛光。

完成

材料： 银片、银条（半圆形截面）、银环、高温银焊药、低温银焊药、助焊剂、酸液、抛光蜡

工具： 小号笔刷、镊子、胶锤、窝作、锉刀、砂纸卷、打磨机、焊台、方铁、反向焊夹、火枪、圆规、圆模板、麻花钻头、线锯、游标卡尺、抛光布轮、砂纸、剪刀

1 根据想要制作的铃铛大小，用圆规或者圆模板在银板上画出两个大小合适的圆形。

2 用线锯沿画线的边缘切割。

3 使用锉刀大致修整圆形。

4 对银片进行退火，退火的时候可以将圆片靠立在焊砖上，比平放在砖上退火更快。

5 将银圆片放在窝作较大的圆坑内，用窝冲做第一次敲击，圆片将变拱。再将变拱的圆片放入小一些的圆窝里，用小一点的窝冲敲击。

6 敲击过程中，银料会变硬，需要适时地进行退火。

7 逐渐地缩小圆窝和窝冲的尺寸，直到敲出完美半球体。

8 将两个半球体的接口处磨平。

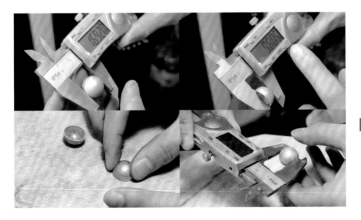

9 用游标卡尺测量半球的上下高度和左右宽度，边测量边用锉刀打磨掉多余的银料，制作出两个标准的半球，这样才能够拼合成一个正球体。

10 下面要将两个半球焊接在一起。焊接前需要在一个半球上制作铃铛嘴，另一个半球上制作焊接环扣的
位置。在制作铃铛嘴的半球上标记形状，用麻花钻头钻孔，使用牙针扩孔。在另一个半球中心打洞。

11 用线锯沿直线把铃铛中间锯开，锯直一些会
比较美观。

12 用剪刀裁剪下宽度为8mm左右的砂纸条。

13 将砂纸条一头夹紧在锯弓上，另一头用手拉直。

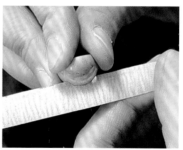

14 如上图用砂纸条打磨铃铛嘴的
缝隙。

15 在两个半球内放入一个实
心小银球，再将其焊接成
一个球体。

16 用锉刀打磨焊缝。

17 再用400目砂纸卷整体打磨。

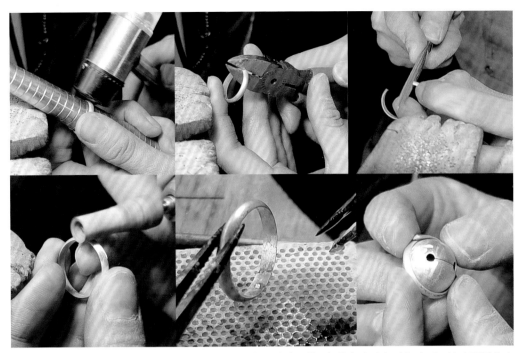

18 用半圆形截面的银料制作一个圈，方法与戒指的做法一样。焊接与完全打磨好之后，这个圆圈的内直径需要能刚刚好卡在铃铛球体中间。

19 将制作好的圆圈与球体焊接在一起。

20 焊接铃铛的坠头。

21 酸洗。

22 打磨、抛光。小铃铛完成。

扫一扫，观看制作视频

● **材料：** 银条（3mm宽×70 mm长×1.5mm厚，2根；9mm宽×70 mm长×0.8mm厚，1根）、银方线（1.2mm，1根）、高温银焊药、低温银焊药、助焊剂、酸液、抛光蜡、固定铁丝

● **工具：** 锉刀、三角锉刀、小号笔刷、镊子、字母錾子、焊台、焊夹、胶锤、方铁、砂纸卷、打磨机、抛光布轮、火枪、打砂头、游标卡尺

1 对所有银料进行退火软化。

2 3mm宽的银条用于制作中间的2个转运环，上面要錾刻英文字母，可以大概计算一下能刻字的长度范围，然后选择合适的英文。

3 用9mm宽的银条制作内圈，根据戒指的大小计算所需银料的长度，裁剪银条。本案例为15号戒指。

4 将银条弯圈，打磨焊接口，将接口对齐。

5 接下来要进行焊接，先用铁丝捆绑固定。

> **提示**
>
> 焊接的过程中银料会释放应力导致焊接口变大，所以较宽的戒指需要先捆绑住再进行焊接。

6▶ 焊接戒指圈。

7▶ 焊接之后套在戒指棒上敲圆整形。

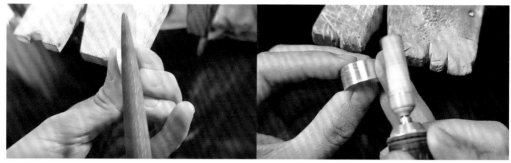

8▶ 用锉刀修整焊接口，并用砂纸卷打磨整个戒圈，戒指的内环制作完成。

9▶ 用游标卡尺测量戒指圈外壁直径，找到对应的戒指棒号数，游标卡尺测量数是19mm，对应戒指棒的20号。

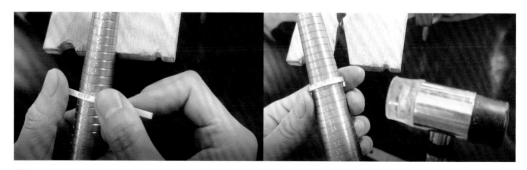

10▶ 刻完字母的3mm银条在戒指棒20号这个位置弯圈，做成转运圈。

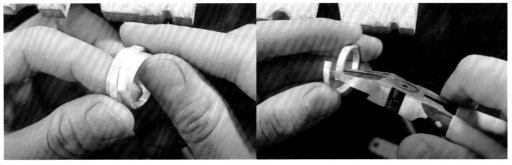

11 ▶ 套到戒指内环上确定大小合适再剪去多余的银料。

12 ▶ 锉平焊接口，并对齐。

13 ▶ 焊接。

14 ▶ 敲圆整形。

15 ▶ 用锉刀修整转运圈上下两侧因刻字导致的突起，并用400目砂纸卷打磨戒指内外侧。

16 要保证转运圈套在内环上能顺滑转动，不要太松或太紧。如果太松，转运圈会摇晃，影响戒指的美观，就需要把转运圈剪断，改小。如果转运圈过紧，后续焊接时很容易被焊药焊住，无法转动，增加焊接失败的风险，如果焊接失败，修理会很耗时间。

17 接下来用1.2mm的银方线制作两个环，用于套在转运圈两边固定住转运圈，我们称之为"固定环"。

18 绕圈之后不太平整，需要用胶锤敲平。

19 焊接固定环，即使焊接面很小也需要打磨，这样对紧焊接出来才会美观。

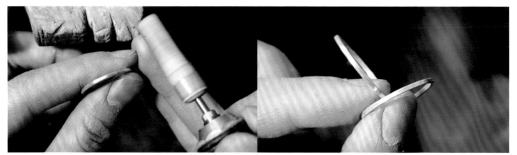

20 打磨固定环。

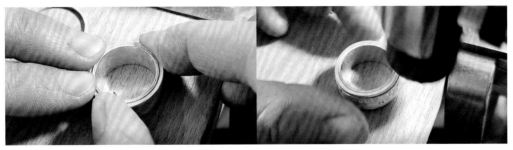

21▶ 固定环套入内圈，不会滑落为合格。

22▶ 将固定环、转运圈按顺序套在内环外，将两个固定环和内环焊
接在一起。注意控制焊药的用量，不要让焊药流到转运圈，防
止转运圈被固定。

23▶ 酸洗。

24▶ 打磨、修整。

25▶ 抛光。

完成

扫一扫，观看制作视频

◉ **材料：** 银方线（1.2mm）、银板材（1mm厚）、高温银焊药、低温银焊药、助焊剂、酸液、硫磺皂、纸胶带

◉ **工具：** 锉刀、半圆锉、砂纸卷、打磨机、焊台、反向焊夹、胶锤、方铁、小号笔刷、镊子、做旧碗、火枪、游标卡尺、圆嘴钳、坑铁、平行钳、线锯、多点錾子、磁力抛光机、砂纸、戒指棒、戒指圈、铁锤、记号笔、磁力抛光机

1 先制作字母S，用圆嘴钳将银方线弯出S的第一个弯。

2 预估整个字母的长度，剪下，退火。

3 用圆嘴钳弯出S的另一个弯。此时S并不好看，需要反复退火并用圆嘴钳调整形状。

4 用平行钳上下夹让S的高度变矮，我们需要把S尽量做到最小高度，从而控制戒指的宽度。

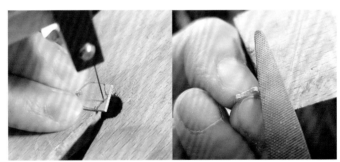

5 比对S的大小，在银板上画出盾牌的形状。

6 用锯将盾牌切割下来，并然后用锉刀修整形状，打磨边缘。

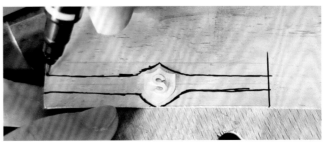

7 将盾牌和S放在砂纸上磨平。

8 根据盾牌的大小，用记号笔画出戒指的外轮廓。

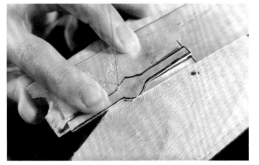
9 用线锯沿着边缘切割出异形的戒指条。

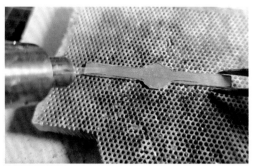
10 退火。

11 将戒指条用纸胶带固定在方铁上，用多点錾子敲出肌理，注意肌理的排布。

12 再次进行退火，在戒指棒上弄弯戒圈。

13 使用剪钳裁剪多余的银料，锉平焊接口。

14 焊接。

15 套入戒指棒整形。

16 ▶ 对盾牌和字母S两个小零件退火，然后放入坑铁内配合圆棒敲出贴合戒指圈的合适弧度。

17 ▶ 接下来要将零件焊接在一起，焊接先前对盾牌的边缘进行倒角处理。

18 ▶ 将焊药熔于盾牌背面，再将盾牌放于戒圈上，整体加热，看到焊药流出则焊接成功。字母S也使用相同的方法焊接在盾牌上。

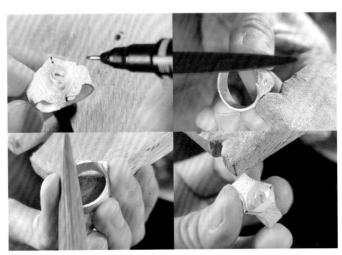

19 ▶ 酸洗，去除氧化物。

20 ▶ 用记号笔找出上下的中点和其他参考线，用锉刀修整形状。

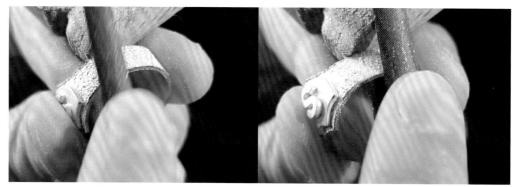

21 ▶ 用小锉刀对戒圈边缘进行倒角。

22 ▶ 用400目砂纸卷打磨锉刀留下的痕迹，再用600目砂纸卷进一 **23** ▶ 放进硫磺皂液里加热做旧。
步打磨。

24 ▶ 用砂纸稍微蹭掉一些黑色，打造出颜色的层次感。

完成

25 ▶ 磁力抛光。

扫一扫，观看制作视频

⊜ 材料： 银板（1mm厚和2mm厚）、银圆线（直径2mm）、银条（5mm宽×70mm长×0.8mm厚）、银环、高温银焊药、低温银焊药、助焊剂、固体胶、酸液、硫磺皂

⊜ 工具： 线锯、半圆锉、大锉刀、火枪、胶锤、方铁、镊子、圆嘴钳、小号笔刷、砂纸卷、打磨机、焊台、反向焊夹、游标卡尺、做旧碗

1▶ 将喜欢的锚的平面图打印出来，也可以自己设计并手绘。

2▶ 剪下一个锚，用胶水贴于2mm厚的银板上。银板要从边上开始用，不要直接裁中间，以免造成浪费。

3 沿图纸轮廓锯切。2mm银板较厚，较难切割，注意锯要垂直切割，遇到卡顿可适当添加一点润滑油。

4 用锉刀修整边缘。

5 细节处改用小锉刀修整。

6 按照上面的步骤，再剪下4个锚爪的纸样，粘贴在1mm厚的银板上，用线锯锯切下来，并用锉刀修整形状。

7 接下来用银条制作前后包裹住锚主体的贴片。定出需要的长度后剪下。

8 用剪钳倒角，用锉刀打磨。

9 用钳子对折银条，包覆在锚上。

10 用反弹夹固定，将两者焊接在一起。

11 焊接锚爪。

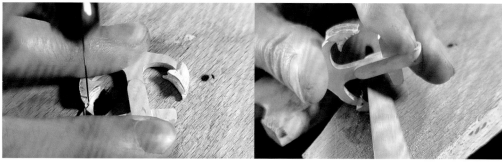

12 用锉刀修整锚爪的形状，如果要去除的部分较大，可以先用锯锯掉一些，再用锉刀修整。

13▶ 上面装银环的位置用锉刀磨窄一些。

14▶ 用小锉刀对所有的线条进行倒圆角处理。

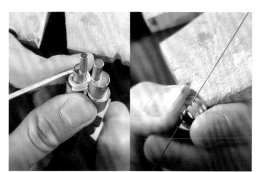 

15▶ 借助圆嘴钳，用银线制作2个小银环，方法参考本书62、63页。

 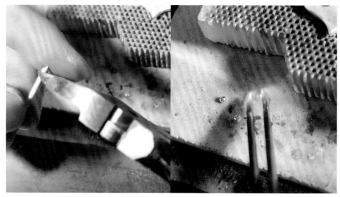

16▶ 用记号笔定出铆钉的位置。

17▶ 用剪钳剪出体积合适的小银块，烧制成银球作为铆钉。

18 ▶ 焊接铆钉。

19 ▶ 酸洗。

20 ▶ 用砂纸卷整体打磨。

21 ▶ 放进加热的硫磺皂液里做黑。

22 ▶ 用砂纸蹭掉一些黑色，做出有层次的复古感。

完成

扫一扫，观看制作视频

材料： 银板（0.5mm厚）、银耳针、高温银焊药、低温银焊药、助焊剂、酸液

工具： 剪钳、小号笔刷、镊子、火枪、锉刀、砂纸卷、砂纸、打磨机、焊台、胶锤、方铁、麻花钻针、铁锤

1 定出单只耳钉的大小，高度为13mm。

2 用剪钳剪下一块13mm长的银片。

3 确定第一条折痕的位置。

4 用三角锉磨出一道V形槽，深度大概为银板厚度的一半。

5 退火。

6 将银片靠在方铁边缘，沿V形槽折出角度，再用锤子将金属面敲平。

7 比对已经做好的折面裁剪银料制作挨着的面。

8 在砂纸上将焊接面磨平。

9 在折痕位置和焊接面添加焊药。折痕位置添加焊药能起到加固作用。

10 整体加热将两部分焊接在一起，这样便得到了3个切面。

11 接下来制作第4个切面，先用锉刀锉平接口。

12 裁剪出一小块银料，焊接第4个切面。

13 打磨焊接面，剪裁一块大小合适的银料作为第5个切面，并进行焊接。

14 酸洗。

15 用锉刀将各个面打磨平整。

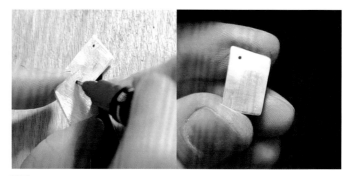

16▶ 用相同的方法制作出第二个耳钉。

17▶ 在图中所示的位置打孔并打磨光滑，作为焊接耳针的位置。

18▶ 将耳针插入小孔中焊接住。

19▶ 酸洗。

20▶ 打磨抛光，异形切面空心耳钉制作完成。

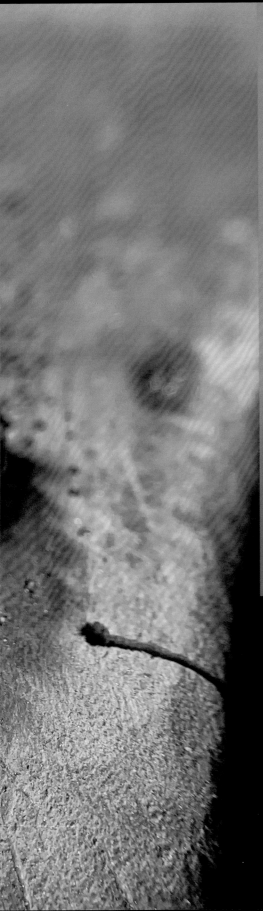

手工银饰技法全书
金工·银黏土

第6章

综合技法实例——创意手工银饰

扫一扫，观看制作视频

材料： 银条（5mm宽×70 mm长×1.6 mm厚）、银线、欧泊宝石、高温银焊药、低温银焊药、助焊剂、酸液、硫磺皂、纸胶带

工具： 锉刀、圆嘴钳、剪钳、砂纸卷、打磨机、焊台、反向焊夹、胶锤、方铁、小号笔刷、镊子、做旧碗、火枪、木戒指夹、肌理锤子、磁力抛光机、戒指棒、戒指圈、铁锤、记号笔、橡皮泥

1 对银条进行退火处理。

2 用尖头锤在银条表面敲击出肌理。

3 再次进行退火，在戒指棒合适的位置弯成圈。

4 用剪钳剪掉多余的金属，打磨，对齐后焊接圈口。

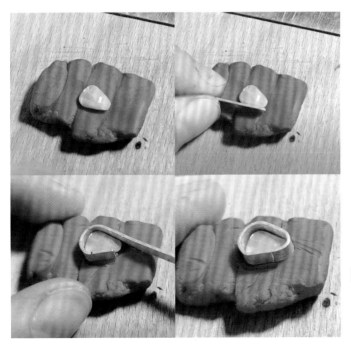

5 将欧泊石放在橡皮泥上。借助圆嘴钳塑形，将厚度为0.5mm的银条围绕欧泊石一圈，为欧泊石制作镶口。

6 ▶ 根据做好的镶口形状，再制作一个2mm高的内圈，嵌入到镶口中作为垫高欧泊石的底座。

7 ▶ 将镶口底部磨成凹形，以更好地和戒圈的拱形契合。

8 ▶ 将镶口和戒圈焊接在一起。焊接时注意焊药的用量。

9 ▶ 酸洗之后，将镶口壁打磨变薄，并用400目砂纸卷整体打磨。

10 用戒指夹将戒指固定，放入欧泊石，用一根顶部磨平的钻头顶着欧泊石边缘，用锤子轻轻敲，将银料一点点推向石头。注意锤子不要锤到欧泊石。

11 打磨，抛光。

完成

第2节　　章鱼戒指

⊜ 材料： 银条（7mm宽半圆截面手镯料）、银线（直径0.7mm、0.8mm）、高温银焊药、低温银焊药、助焊剂、酸液、硫磺皂

⊜ 工具： 锉刀、线锯、圆嘴钳、剪钳、砂纸卷、打磨机、焊台、反向焊夹、胶锤、方铁、小号笔刷、镊子、做旧碗、火枪、磁力抛光机、戒指棒、戒指圈、记号笔、不锈钢线芯、游标卡尺、平行钳

1▶ 准备银料。先对半圆手镯料进行退火。

2 ▶ 用碾压机将半圆手镯料压薄一些，再次进行退火。

3 ▶ 用胶锤将银条敲直。

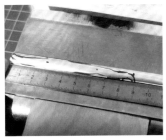

4 ▶ 用记号笔画出章鱼脚的大致外轮廓，形状是中间粗两头细，本案例的长度是9cm。

5 ▶ 用线锯锯切出大形。

6 ▶ 再用锉刀修整外轮廓。

7 ▶ 用圆嘴钳调整章鱼脚的曲线动态，预估做成戒圈后的效果。

8 ▶ 用戒指棒制作成戒圈。由于戒指比较厚，塑形过程中需要反复退火。

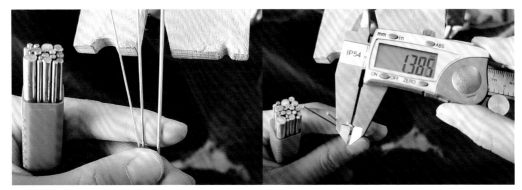

9 接下来开始制作章鱼脚上的吸盘，根据章鱼脚的宽度需要使用直径1.4mm、1.1mm、0.8mm三个尺寸的线芯。

10 分别剪下一段直径0.8mm和0.7mm的银线。

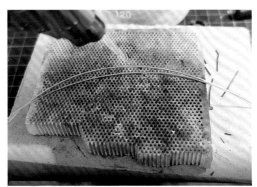

11 对银线进行退火处理。

12 线芯和银线并排夹在台钳上，银线的另外一头用钳子夹住，绕着线芯绕成弹簧形态。缠绕的同时给一个向下的力，确保绕出紧密的弹簧线圈。

13 线芯不要拿掉，放在中间做支撑，剪掉两端多余的银线。

14 使用线锯将弹簧线圈锯断，就会得到一个个小环，每锯出一两个环，线芯就向下移动一些。

15 锯到最后几个环，手指捏不住时，可以使用钳子夹住。

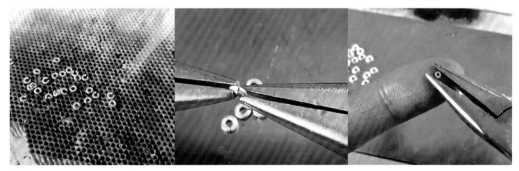

16 对小环进行退火处理，然后用钳子将它们的开口闭合好，尽量闭合紧密。

17 用相同的方法再制作另外
两个尺寸的小环。

18 把焊药剪成小块，放在焊砖上。

19 在戒指上刷助焊剂，然后用火枪加热。

20 将做好的小环从大到小排列，两个一排置于章鱼脚上，一个一个焊接。

21 焊接过程中要不时用镊子蘸取焊粉添加在焊接面上，焊粉加热后会有一定的黏性，能把小环先粘
住，方便后续的焊接。焊接完成，酸洗、清洁。

22▶ 用胶头钳调整形状。

23▶ 用400目砂纸卷把不光滑的地方打磨光滑。

24▶ 放入加热的硫磺皂液里做黑。

25▶ 用砂纸轻轻打磨掉一些黑色，增强戒指的立体感和质感。

26▶ 最后进行磁力抛光。

完成

📋 **材料**：银片、银线、银耳针、珍珠、图纸、固体胶、高温银焊药、助焊剂、酸液

🔧 **工具**：记号笔、剪刀、线锯、小号笔刷、镊子、锉刀、竹叶锉刀、圆嘴钳、剪钳、砂纸卷、打磨机、焊台、反向焊夹、胶锤、方铁、火枪、磁力抛光机、钢丝刷、木窝作、窝冲、肌理锤子、麻花钻头

1 绘制蝴蝶兰的平面图，一朵蝴蝶兰花由三部分组成，设定好合适的尺寸，将图纸剪下。

2 把图纸贴于0.5mm厚的925银板上。

3 使用线锯将各小零件切割下来。

4 进行退火软化。

5 用肌理锤敲击出花瓣上的纹理，注意纹路的方向要由四周向中心汇集。

6 进行退火处理。

7 使用木质窝作、窝冲等工具，制作花瓣的弯曲度。

8 ▶ 各个小零件的造型调整完成后，用锉刀进一步修整形状，并将边缘倒圆角。

9 ▶ 用直径0.8mm的钻针在三个零件中心打孔。

10 ▶ 将各个零件用砂纸卷、砂纸飞碟精细打磨。

11 ▶ 接下来在三个花瓣的零件上安装耳针。耳针的位置需要考虑耳饰的重心。安装的方法是用钻头打穿银板，将耳针扎入其中再焊接，这样的方式比直接焊接会更牢固。

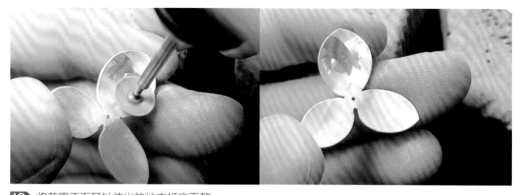

12 ▶ 将花瓣正面耳针伸出的地方打磨平整。

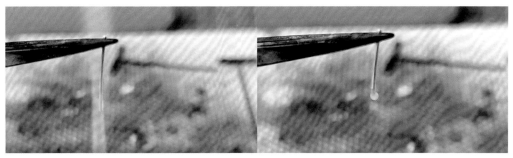

13 剪下一小段银线，将一头烧成小球。

14 球针通过中心孔耳饰的后面穿入，将蝴蝶兰三个零件组合在一起，并焊接固定。

15 将正面伸出的银线剪短到足够插入珍珠即可。

16 酸洗。

17 磁力抛光后安装珍珠或者直接安装珍珠，用"花心"零件包裹珍珠。蝴蝶兰耳饰完成。

完成

材料： 银片、银线、银耳勾、图纸、高温银焊药、助焊剂、酸液

工具： 剪刀、固体胶、记号笔、线锯、圆嘴钳、剪钳、短嘴剪刀、锉刀、竹叶锉刀、胶锤、方铁、小号笔刷、镊子、火枪、砂纸卷、打磨机、焊台、反向焊夹、磁力抛光机、钢丝刷、窝作、肌理锤子、麻花钻头、金刚砂针、直口錾子

1 将郁金香花瓣的平面图纸剪下，一朵花由里外2组花瓣组成，一对耳饰需要四组展开的花瓣。

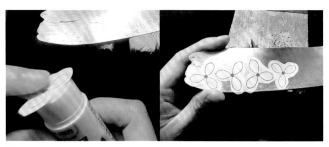

2 使用固体胶将花瓣的平面图粘贴在0.5mm厚的925银板上。

3️⃣ 用线锯将4组花瓣切割下来。

4️⃣ 在花瓣中心打孔，孔的大小要与花茎的直径相匹配，本案例使用的钻头尺寸为1.5mm。

5️⃣ 行进退火处理，同时将图纸烧去。

6️⃣ 在每个花瓣中间用一字錾刻出中线。

7️⃣ 花瓣反面用尖头锤敲打边缘，将边缘变薄。

8️⃣ 再一次进行退火，准备下一步对花瓣进行塑形。

9️⃣ 使用窝作和窝冲对花瓣进行塑形。

10 用圆嘴钳调整花瓣边缘形态，使花朵的形态更加自然。

11 用金刚砂针头对花瓣表面进行拉丝处理，制造花瓣的质感。

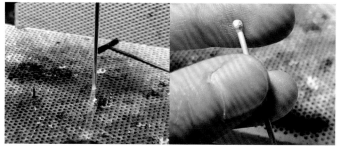

12 裁剪4cm左右直径1.5mm的银线，作为郁金香的花茎。

13 用焊夹夹住银线顶端，底端用火枪加热烧球。925银线烧球时需涂抹硼砂，球更容易烧圆。

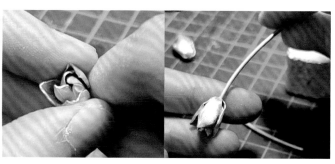

14 将花茎穿过两组花瓣，然后整理花瓣闭合的状态。

15 将花秆与花瓣焊接在一起。

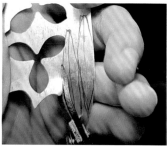

16 根据花茎的长度，画出大小合适的叶片。

17 裁剪叶片。

18 用一字錾錾出叶子的中线。

19 将叶子靠在方铁边缘，用锤子敲击成直角。

20 在叶子的中线处添加焊药，对其进行加固。

21 用锉刀修整叶子边缘。

22 用砂纸卷打磨叶子边缘及表面。

23 将叶子与花茎顶端对齐，用焊夹夹住，进行焊接。

24 再焊接一个小环。

25 酸洗之后，安装耳钩，并进行抛光打磨，完成。

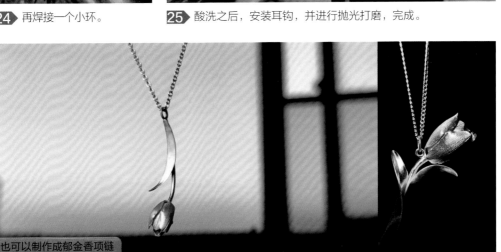

也可以制作成郁金香项链

扫一扫，观看制作视频

📦 **材料：** 银片、银线、高温银焊药、助焊剂、硫磺皂、酸液

🛠 **工具：** 小号笔刷、镊子、记号笔、圆嘴钳、短嘴剪刀、剪钳、胶锤、火枪、碾压机珍珠、锉刀、
竹叶锉刀、做旧碗、砂纸卷、打磨机、焊台、反向焊夹、方铁、磁力抛光机

1 ▶ 准备一截宽度为5mm的银条。

2 ▶ 用碾压机压至0.3mm厚。

3 ▶ 退火软化。

4 ▶ 用短嘴剪刀从一头开始剪"Ｖ"字形口，用来制作花瓣。注意"Ｖ"字形口的间距要从小逐渐变大。

5 ▶ 将剪好"Ｖ"字形口后形成尖角剪圆，形成玫瑰花的花瓣。

6 ▶ 用圆嘴钳调整花瓣的边缘，使其微微卷曲。

7 ▶ 用尖嘴钳夹住花芯一端开始卷起，边卷边调整花瓣弯曲的状态，尽量自然。

8 ▶ 剪去多余的银料。

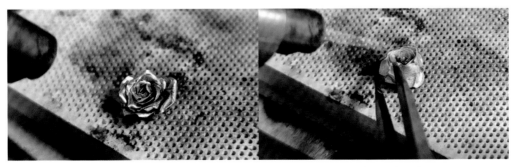

9 ▶ 整条银料卷起来后，端头用焊药焊住。调整花瓣的形状，调整的过程中需反复退火。

10 用银线制作一大一小两个小圆环。

11 小圆环焊接在玫瑰花朵上，大圆环套在小圆环上，用于挂绳。

12 酸洗。

13 做旧，抛光，玫瑰吊坠完成。

● **材料:** 半圆截面银条、成品链条、高温银焊药、低温银焊药、助焊剂、酸液、硫磺皂

● **工具:** 锉刀、圆锉、半圆锉、剪钳、钳子、砂纸卷、打磨机、焊台、反向焊夹、胶锤、方铁、小号笔刷、镊子、做旧碗、火枪、磁力抛光机、戒指棒、戒指圈、记号笔、火漆、固定焊针

1 准备长度8cm、宽度3mm的半圆银条。

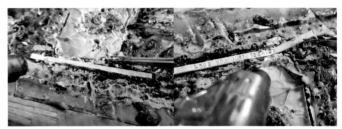

2 对银条进行退火，放入火漆中固定，用字母錾在银条内侧刻字母。

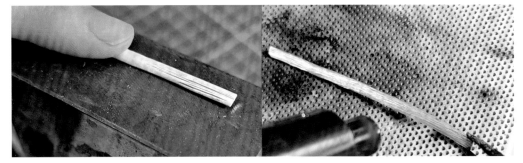

3 用尖头锤在银条外侧横向敲出条纹肌理。退火。

4 银条左右两端各用钳子夹住，扭出螺旋状，作为荆棘的枝干，螺旋疏密根据自己喜好决定。

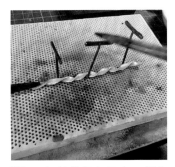

5 用焊针将银条固定于焊台上，使其不会移动。

6 将2mm厚的方银条压扁至1.5mm厚，用剪钳裁剪出若干小三角块作为荆棘的尖刺。

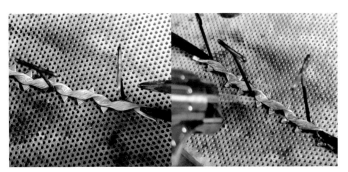

7 将三角块排列在枝干的左右，焊接。

8 酸洗。

9 用锉刀修整尖刺，并用砂纸卷打磨。

10 用金属棒做支撑，将银条弯圈，期间可适当退火。

11 将戒指放入装有硫磺皂液的明矾碗中加热做黑。

12 用砂纸或擦银棒磨掉一些黑色，凸显质感。

完成

13 可以在戒指两端焊接一段链条，更有缠绕感和趣味性。